最先端ビジュアル百科
「モノ」の仕組み図鑑 ④

船・潜水艦

ゆまに書房

ACKNOWLEDGEMENTS

All panel artworks by Rocket Design
The publishers would like to thank the following sources for the use of their photographs:
Corbis: 14 Andy Newman/epa; 16 Atlantide Phototravel; 25 Paul A. Souders; 27 Lester Lefkowitz
Fotolia: 4 (b) Alexander Rochau; 5 (b) Snowshill; 7 Forgiss; 9 linous; 31 Aaron Kohr
Rex Features: 11 Neale Haynes; 13 Stuart Clarke;
19 Sipa Press; 21; 29 Sipa Press; 35 c.W. Disney/Everett
Photo Library: 5 (c) Bernard van Dierendonck
Science Photo Library: 32 Alexis Rosenfeld
All other photographs are from Miles Kelly Archives

HOW IT WORKS : Ships and submarines
Copyright©Miles Kelly Publishing Ltd
Japanese translation rights arranged with Miles Kelly Publishing Ltd
through Japan UNI Agency, Inc., Tokyo

もくじ

- はじめに …………………… 4
- ヨット ……………………… 6
- カタマランヨット ………… 8
- ジェットスキー(水上バイク) … 10
- スピードボート …………… 12
- オフショアパワーボート … 14
- 水中翼船 …………………… 16
- 軍用ホバークラフト ……… 18
- 旅客用ホバークラフト …… 20
- クルーズ客船 ……………… 22
- 貨物船 ……………………… 24
- コンテナー船 ……………… 26
- 超大型石油タンカー ……… 28
- 航空母艦 …………………… 30
- 潜水艦 ……………………… 32
- 深海潜水艇 ………………… 34
- 用語解説 …………………… 36

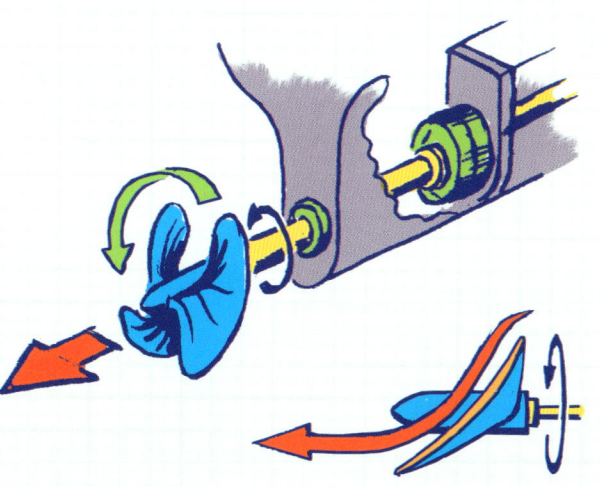

はじめに

たおれて水にうかんでいる1本の木にまたがったのが最初だった。それから、えだを落とした木のみきを何本かしばり合わせて「いかだ」をつくり、さらには1本の丸太をくりぬいて「カヌー」をつくったんだ――大昔の人々が始めたことは、その後、とてつもなくすばらしい発展につながっていった。自動車や飛行機が生まれる何千年も前に、昔の商人は川や海岸ぞいの海を利用して大切な荷物を運び、探検家は新しい大陸に植民地をもとめて広い海をわたった。街や都市は海辺にそって発展し、船の通る海や川が最も重要な交通手段になったんだ。

カヤックを進ませる・むきを変える・止める――水かきが両はしにあるパドルで、コントロールはかんぺきだ。

櫂と帆の登場

行きたいところに船を動かすには、船を進ませる力(推進力)が必要だ。船にのって水をかけば、その一部が押し返す力となって船を進ませる。水をかく道具「櫂」の始まりは、人の手だったんだ。その後、水をかく面が手よりも広い、パドルやオールなどの「櫂」が生まれたけれども、「櫂」をこぐのはつかれる仕事だった。船を進ませるのに、風の力を利用する「帆」が登場したのは、今から5千年以上前のこと。それでもまだ、「櫂」は必要だった。というのも、船を風上にむかって進ませることのできる「帆」ができたのは、その4千年後だったからだ。

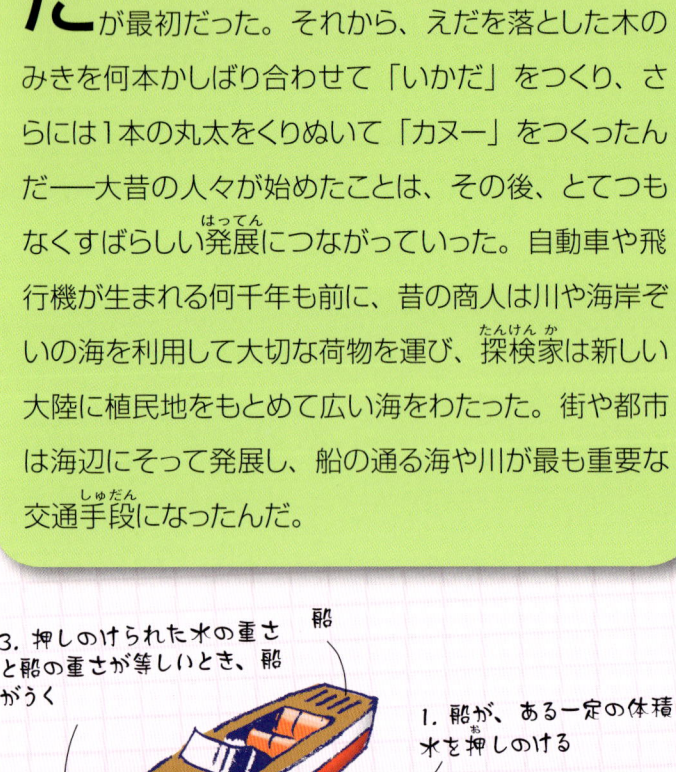

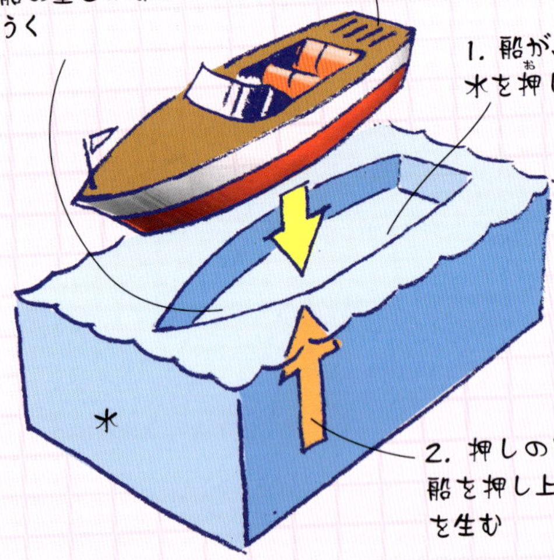

1. 船が、ある一定の体積の水を押しのける
2. 押しのけられた水が、船を押し上げる力(浮力)を生む
3. 押しのけられた水の重さと船の重さが等しいとき、船がうく

しずむか？ うくか？

なぜ、船が水にうくのか？ その科学的な理由は、古代ギリシャのアルキメデスが発見した。水にものを入れると、しずんだ分の体積の水が押しのけられ、まわりの水は、浮力という、押しのけられた水の重さに等しい力でものを押し返す。水がものを押し上げる力とものの重さが等しいとき、ものはそれ以上しずまなくなる。これが「うく」ということだ。重い石の場合、その石が押しのけた水の重さよりも、石の重さのほうがいつでも重いのでしずんでしまうんだ。

昔ながらの装備がある大型帆船は、今の時代でもとても人気がある。

スクリューは一流！

18世紀の終わりころから19世紀の初めにかけておこった産業革命のとき、おもな動力となった蒸気機関は、ほどなく船にも利用されるようになった。初めのころの蒸気船の外側についていた大きな「外輪」は、そのころの人々になじみのあった水車をもとに考え出されたんだ。その後、いく人かの発明家が船を進ませる装置として、外輪のかわりにスクリュープロペラ、つまりスクリューの仕組みをためした。これは水をくみ上げるのに使われるアルキメデス・ポンプの逆の仕組みだった。1845年にイギリスの海軍が、外輪船アレクトーとスクリュー船ラットラーを競わせてみると、ラットラーがあっさりと勝った。そのときからスクリューがピカイチだったんだ。

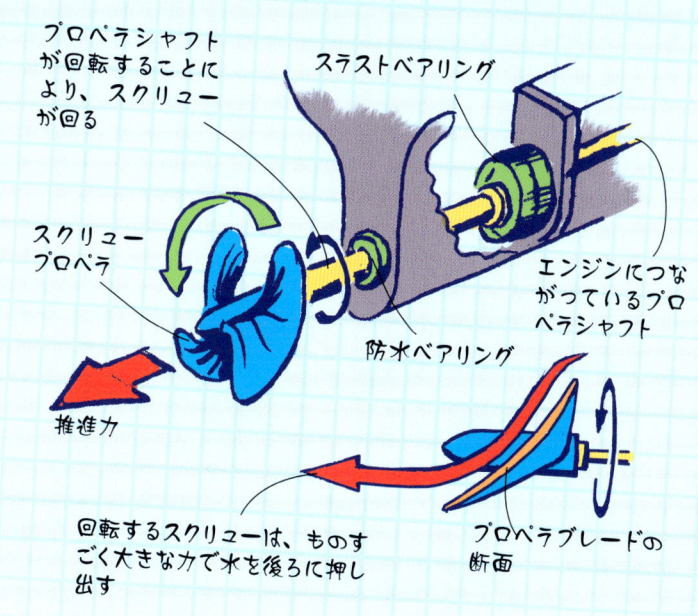

船の操縦をするのは操舵手でも、すべて、ブリッジにいる船長の指揮にしたがっている。

モータークルーザーは、最新設備の整った、動く自家用ホテルだ。

より大きく、より速く

1860年代に生まれた商業用の超大型石油タンカーや、1920年代から発展してきた軍事用の航空母艦などのように、さまざまな新しいタイプの船が発展し続けてきた。レジャー用では、ものすごくお金のかかるものなら、ごうかなモータークルーザーやレース用のオフショアパワーボート、また、それほどお金もちでなくても楽しめるものなら、ジェットスキーや小型ヨットのディンギーなどがある。「ブリッジ」とよばれる操縦室は、レーダー（電波探知機）・ソナー（音波探知機）・気象衛星からの画像受信装置・GPSナビゲーションシステムなどのような最新機器でいっぱいで、船のりの仕事は昔よりも楽になったんだ。

燃料の値段が高くなると、ふたたび「帆」が本格的に利用されるようになるかもしれない。でも、これから先もずっと、荒れた海や高潮、予測できない潮の流れやあらしなどが、経験ゆたかな船のりたちにいどんでくるだろう。

ヨット

セイル、つまり帆が船に初めて使われたのは、古代エジプト時代のナイル川といわれている。それ以来、5千年以上もの間、人々は大きな船やボートを進ませるのに風の力を利用してきたんだ。オールでこぐボートは、もっと古くからずっと使われていたけれども、「風がふいている」という条件つきとはいえ、セイルを使って進むほうが人の手でこぐより楽だ。ヨットの多くはかなり小さく、重さの軽い帆船で、たくさんの荷物を運ぶというような使いみちではなく、レジャーで楽しむため、あるいはレースのために使われている。

世界で最も大きいセイリングヨットの1つが、"マルチーズ・ファルコン（マルタの鷹）"。マストの高さが58メートル、15枚のセイルがあり、船体の長さは88メートルで、サッカーのピッチにせまるほどの長さだ。

へえ、そうなんだ！

およそ千百年前まで、帆船にはおもに四角形のセイルが使われた。これは追い風を受けて押されるだけのものだった。次に発明されたのは、ラティーンセイルとよばれる三角形のセイル。これはどの方向からの風でも受けられるように、セイルを回転させることができるんだ。

この先どうなるの？

現代では燃料にたいへんなお金がかかる。でも、風力は"ただ"だ。だから、船を設計する人たちは、エンジンとセイルを両方あわせもつ、大きな貨物船をいろいろとためしているんだ。

マスト マストとよばれる、まっすぐに立った背の高いポールで、セイルのてっぺんをとめ、セイルの縦の辺をまっすぐにたもつ。

✳ セイルの仕組み

ブームを使ってセイル（帆）のむきを風に対してななめにすると、風に押されることで推進力が生まれ、船体を前方向と横方向に押す2つの力となる。でも、ヨットは横むきにすべって動くことはない。船体の形と、センターボード（船底の中心線をつらぬくキールから水中にたれ下がる広い板）の両方で、横すべりをふせいでいるんだ。また、飛行機の翼と同じように、セイルのふくらみの外側を通る空気は、内側を通るよりもずっと速く通りすぎるので、ふくらんでいる側にすいよせられるような力も生まれる（17ページも見てみよう）。つまり、ヨットは、セイルが風に押される力だけでなく、セイルのまわりに風を流すことでも推進力がえられるんだ。

ジブセイル

1989年、トニー・バボットという人が77歳という年れいで、1人でヨットにのり、大西洋横断をはたしたんだ——72日間の旅だった。

デッキ

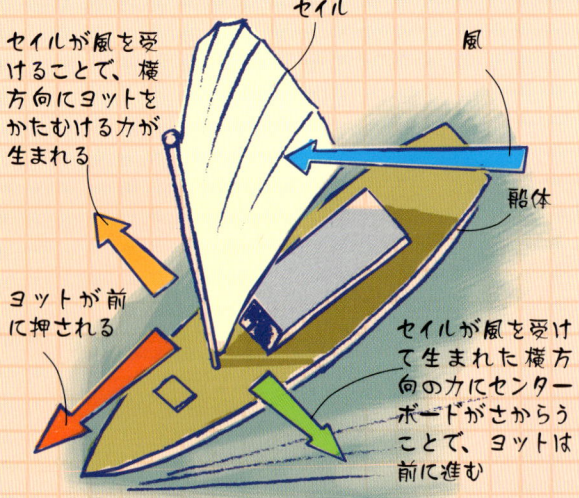

キール

>>> 船・潜水艦 <<<

セイル ヨットの仲間には、セイルが1枚のものもあれば、20枚以上あるものもある。セイルはとてもじょうぶで、やぶれにくいせんいでできている。もめんや麻のような天然せんい、またはナイロンやポリエステルのような化学せんいのどちらかだ。

ブーム ブームとよばれる、セイルの下のはしにそってとりつけられたポールで、風むきに合わせてセイルを回転させることができる。

最も大きな帆をもった船は、クリッパーとよばれる大型高速帆船で、東アジアからヨーロッパや北米へ、紅茶やスパイスを運んでいたものだ。なかでも有名なのが、1869年から使われ始めた、カティーサークだ。カティーサークには30枚以上の帆があり、帆の面積を全部合わせると、およそ3千平方メートルで、テニスコート10面分よりも広かった。

メインセイル

索具 ヨットにはさまざまな種類のロープが使われているが、マストを立てるように固定されたロープは「静索」といい、セイルを動かすのに使われるようなロープは「動索」という。じょうぶでなめらかに動く、くさりにくいせんいでできたロープか、金属製のワイヤーロープが使われる。

ウィンドサーファーは、時速90キロメートルものスピードが出せる。

フレームとバルクヘッド U字型のフレーム（肋材）が船体の形をつくり、じょうぶにしている。重さを軽くするため、フレームにはあなが開けられている。バルクヘッド（隔壁）は、船体の中を仕切るかべのようなものだ。

※ ウィンドサーフィン

1948年、ニューマン・ダービーは、底の平らな小さいボートに、スイベルという回転する金具でマストを立ててセイルをとりつけ、ウィンドサーフィンの原形となるのり物を発明した。ウィンドサーファーは、セイルの下のはしの両側にあるブームをもって風むきに合わせてセイルをかたむけ、ボードがひっくり返らないように、ボードの上を動いたり、体を後ろにそらせたりするんだ。

7

カタマランヨット

カタマランというのは、2つの船体をもつ船で、「双胴船」といわれるもの。ふつうこの2つの船体は大きさが等しく、船体が1つの、「単胴船」といわれるごくふつうの船よりすぐれている点があるんだ。たとえば、船全体の横幅が広いので、船が転ぷく、つまり水の中で船が横だおしになることはほとんどない。カタマランヨットの2つの船体は、1カ所、または2カ所以上のデッキでつながっていて、デッキの上にマストが立っている。カタマランは、何世紀もの間、南アジアで使われていたけれども、ようやく1970年代になって、このタイプの船が公式レースで認められるようになったんだ。

へえ、そうなんだ！

海賊だったことがあるウィリアム・ダンピアは、自分がインド洋のベンガル湾で見た、カヌーが2つつなげられたカタマラン式の船のことを、1690年代に本に書いている。でも、1876～77年にナサニエル・ハラショフがカタマランヨットをつくるまで、船をつくる人たちは、その様式をとりあげなかった。

1970年代から、エンジンで動く巨大なカタマラン式の船が、人や自動車、あるいは大型トラックさえも運ぶ、高速フェリーとしてよく使われるようになった。あれた海でも、水中翼船よりなめらかなのり心地でより安全なんだ。

✴ 単胴船と多胴船の仕組み

単胴船は、デッキの上に重い荷物をのせたり、背の高いセイルがあったりすると、転ぷくするおそれがある。この場合、キールが水中に深くたれ下がっている単胴船ならば、より安定する。このようなキールは船の下のほうに重さを加え、船をかたむけようとする動きを板の面でおさえるからだ。双胴船（カタマラン）や三胴船（トリマラン）は船体が2つ以上ある多胴船で、船の下の部分が幅広く、船室や乗組員や設備のために使われるデッキ部分も、より広くなっているんだ。

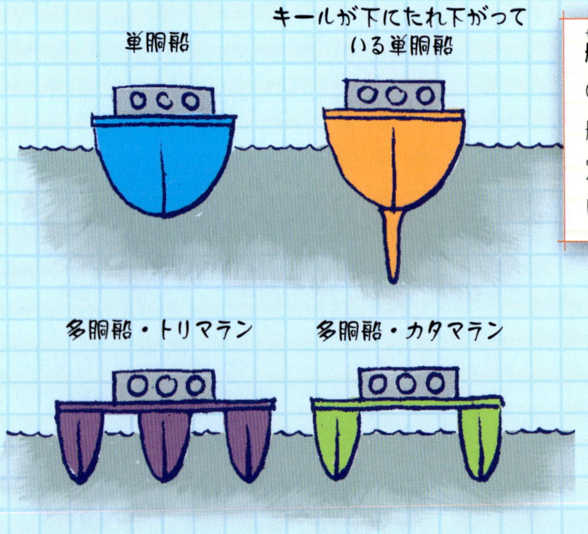

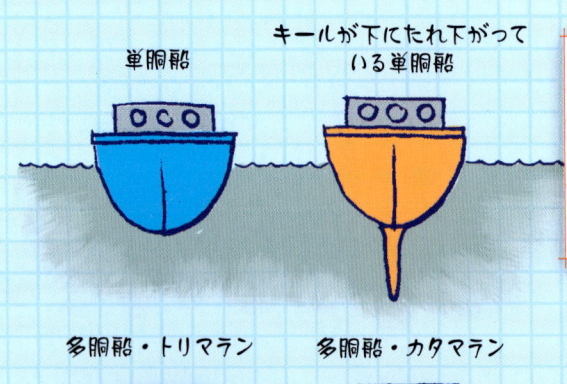

単胴船　キールが下にたれ下がっている単胴船

多胴船・トリマラン　多胴船・カタマラン

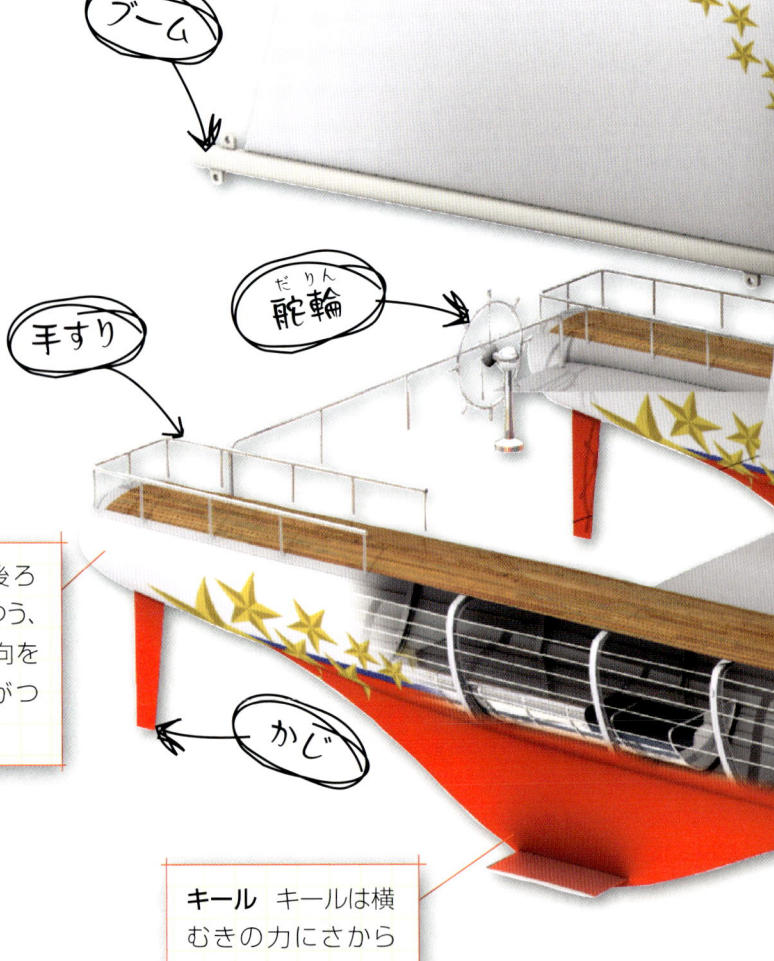

セイル　カタマランヨットは単胴のヨットより大きなセイルをとりつけられる。カタマランは単胴船より、水にうかんでいるとき、しっかりと安定しているからだ。

ブーム

手すり　舵輪

船尾　船の後ろの部分。ふつう、船の進む方向を定めるかじがついている。

かじ

キール　キールは横むきの力にさからい、船が前向きに進むようにする。

>>> 船・潜水艦 <<<

合金のマスト マストは、いくつかの金属やそのほかの材料をまぜ合わせた合金でできていて、とくにアルミニウムという軽い金属がおもに使われている。マストは中が空どうの管で、中身のつまった棒よりも軽くじょうぶになっている。

最近の最も大きいカタマランヨットの1つが、ヘミスフィアだ。全長44メートル、重さ500トンで、高さ52メートルのマストがある。乗組員は8人で、最高12人までのお客さんをのせて、カリブ海周辺のぜいたくなクルーズが楽しめるんだ。

2004年にヨットで最も速い世界一周の旅をしたのは、伝説の冒険家、スティーブ・フォセットと12人の乗組員。カタマランヨットのシャイアンで、およそ58日と9時間の旅だった。この記録は、その1年後にオランジュⅡにのったブルーノ・ペイロンによってやぶられた。新しい記録は、およそ50日と16時間だった。

スピンネーカーを広げたカタマランヨットのレース

※ スピンネーカーって何だろう？

スピンネーカーとは、風船のように風でふくらむ大きなセイルのこと。ヨットが風のふく方向に動くとき、つまり追い風を受けて進むときは、ふつうのセイルと同じような働きをする。でも、ふつうのセイルとはちがって、むかい風には使えないんだ。だから、ヨットレースの競技者たちは、レースの間、追い風のときはスピンネーカーを広げ、むかい風になるとスピンネーカーをまいてふつうのセイルを使っている。

船首 船の前の部分。水を切りさいて進みやすいように、先がとがって流線形になっている。

軽い船体 最近のカタマランは、ガラスせんいや炭素せんいなど、とても軽くてじょうぶな材料でつくられている。

ジェットスキー（水上バイク）

水上バイクなどとよばれる特殊小型船舶は、ジェットスキーの名前でもよく知られている。オートバイと高速モーターボートがいっしょになったようなもので、水を後ろにふき出すことで、船体が水面をすべるように前に進むんだ。ジェットスキーは、おもにレジャーやレース競技、または曲芸のようなのり方に使われている。でも、たとえば、泳いでいる人がはげしい水の流れに流されたときに急いで助けに行くなど、いざというときにも役に立つのり物なんだ。

へえ、そうなんだ！

世界で最初のジェットスキーは、オフロードバイク愛好家で、もと銀行員のクレイトン・ジェイコブソンが、1970年代初めのころ開発したもの。製造したのは川崎重工業（カワサキ）で、パワーがあってスピードの出るオートバイをつくる会社だ。

この先どうなるの？

ジェットスキーの中には、小さなパラシュートがとりつけられているものがある。ものすごく速いスピードでジャンプして波のてっぺんのはるか上をこえ、パラシュートを開いて水面におり、すばやくリールでパラシュートを引きよせて、また最初から始めるといったことができるんだ。

2002年、スペインの貴族、アルバロ・デ・マリチャラルは、1日に12時間ずつ4カ月かけて、イタリアのローマから地中海をわたってジブラルタル海峡に進み、そこから大西洋を横断してアメリカのマイアミに着いた——使ったのはなんと、1台のジェットスキーだったんだ。

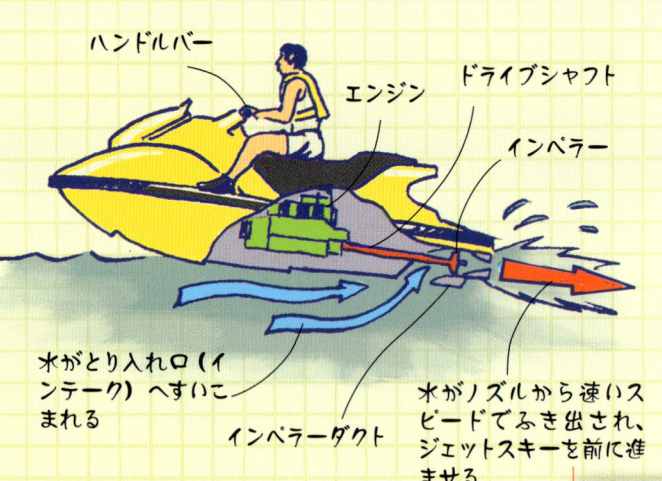

✷ ウォータージェット推進の仕組み

ジェットスキーの船体の下から、インペラーが水をすいこみ、ノズルから高い圧力でふき出す。この後ろむきにふき出される水の力で、ジェットスキーが前に押し出されるんだ。ノズルはケーブルでハンドルバーにつながっていて、ハンドルバーを左に曲げるとノズルが左にふられ、船体は左に曲がっていく。また、オートバイと同じようにジェットスキーの船体をかたむけることでも、かじをとることができる。

エンジン ジェットスキーには、ガソリンを燃料とする4ストロークエンジンが使われているものもあれば、2ストロークエンジンが使われているものもある（12ページも見てみよう）。船体を安定させるために、エンジンがとても低い位置にあるので、船体はひっくり返らない。

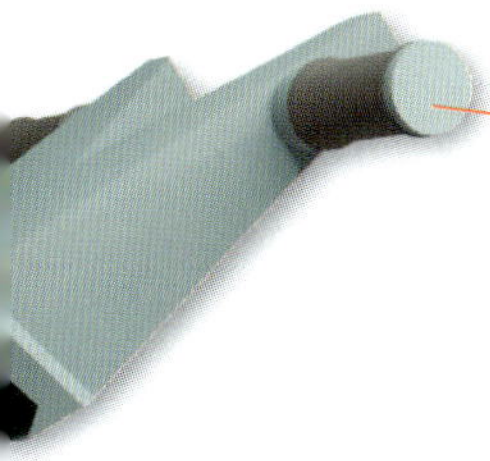

>>> 船・潜水艦 <<<

角度が調節できるハンドルバー ジェットスキーにはハンドルバーが本体に固定されているタイプと、のる人が、すわっても立っても操縦できるように、ハンドルバーの支柱が本体にちょうつがいでとりつけられ、角度が変えられるタイプがある。

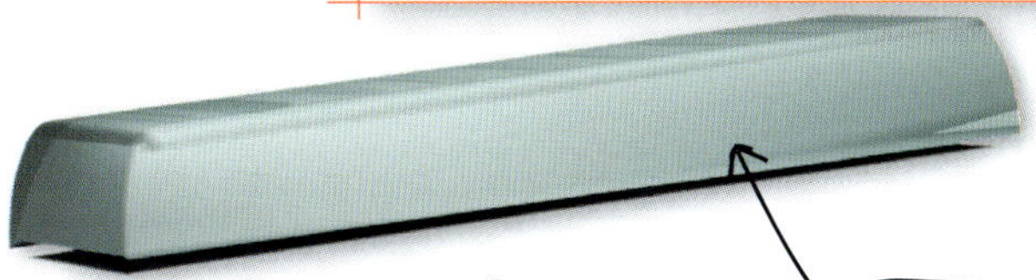

分解図

シート

ジェットスキーの中には、時速100キロメートル以上のスピードが出るものもあって、24時間で1000キロメートルも進んだことがあるんだ。

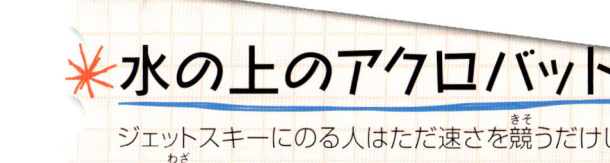

ジェットスキーで、ごうかいな空中ジャンプ！

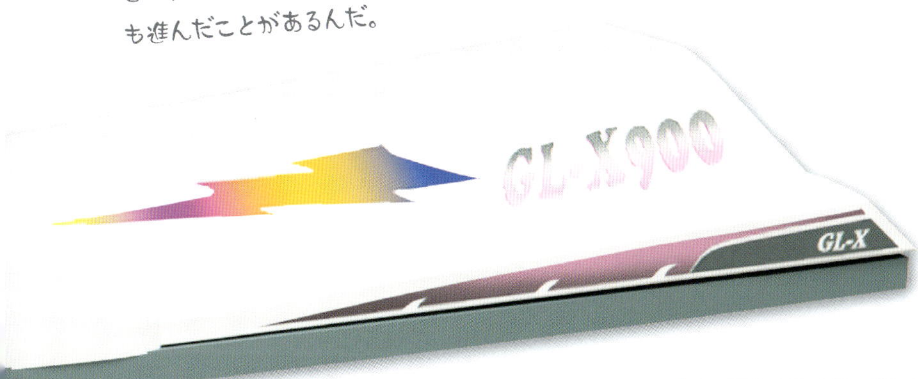

✷ 水の上のアクロバット

ジェットスキーにのる人はただ速さを競うだけじゃない。技や曲芸のようなのり方を競う、フリースタイル競技会というものもあるんだ。技の中には、宙返りや後方宙返り、空中回転やバレル・ロールとよばれる横回転などがあり、さらには水面の下にもぐってから急に上にあがり空中にジャンプ、なんてことさえする。スピードレースでは、水面にういているブイが目印となったコースを回って、速さを競うけれども、フリースタイルでは、1つの演技をするたびにもらう点数を競うんだ。

フリーライディングでは、まるで波をジャンプ台のように使って飛びだし、おどろくほどの高さまで飛び上がる。

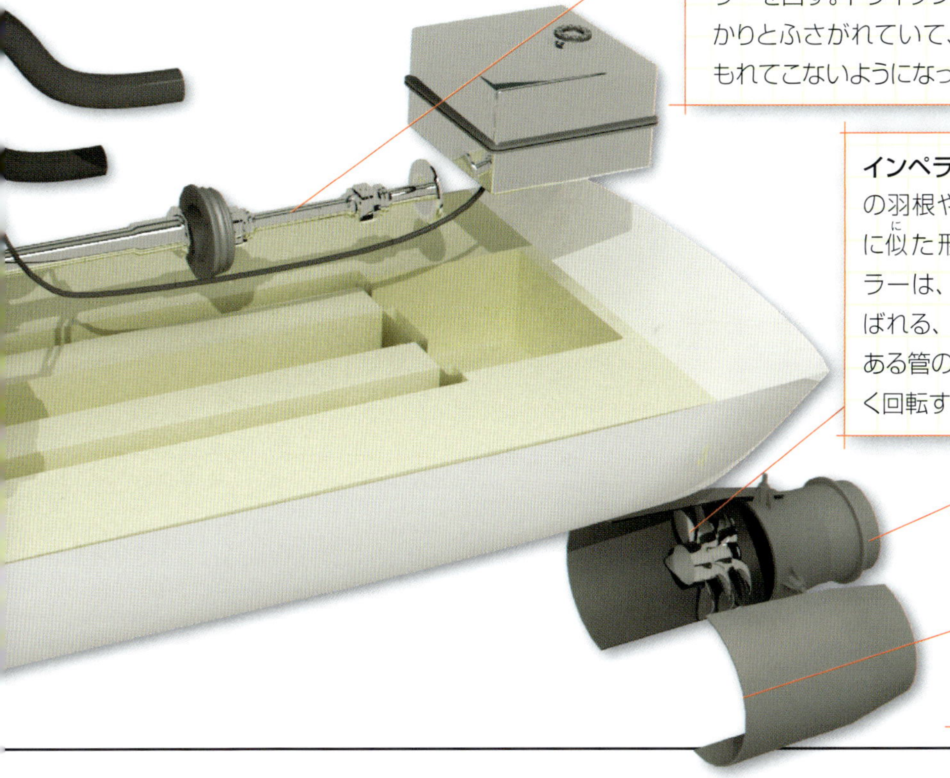

ドライブシャフト エンジンにつながっている長いドライブシャフトが回転し、インペラーを回す。ドライブシャフトのまわりはしっかりとふさがれていて、水がエンジン室にもれてこないようになっている。

インペラー 扇風機の羽根やスクリューに似た形のインペラーは、ダクトとよばれる、ふくらみのある管の中ですばやく回転する。

ジェットスキーにのる人は、イグニッションキーをひもで自分の手首やライフジャケットに結んでいる。エンジンをスタートさせるには、そのキーをイグニッションスイッチにさしこむ。もし運転中に運転者が水に落ちれば、いっしょにキーも引きぬかれ、エンジンが止まることになるんだ。

ジェットノズル 管のようなノズルから水がいきおいよくふき出して、ジェットスキーを前に進ませる。

インペラーダクト 水はとり入れ口からダクトにすいこまれて、インペラーに送られる。とり入れ口にはあみのようなものがとりつけられていて、海そうや流れてきた木や魚など、あみの目より大きなものがすいこまれないようになっている。

11

スピードボート

船外機つきの高速モーターボートは、スピードボートともよばれ、船体が長い流線形で、ボートの先がとがっている。ボートの下の面は、速いスピードで水面の上をとびはねるように進むための形になっているんだ。このタイプの船体は、一部分が水の中に入って水を切りさくようにして進もうとするふつうの船体よりもスピードが出る。船外機とよばれるエンジンは、船体の中ではなくて、外側についているものなんだ。

へえ、そうなんだ！

ハイドロプレーンは、1950年代に開発された、特別な形のスピードボートだ。ボートの前の部分の両側に1つずつ、短くつき出たスポンソンとよばれる「うき」のようなものがついている。これによってボートが安定し、スクリュー以外のボート全体が水より完全に上に出ている状態になるんだ。

この先どうなるの？

1978年、ケン・ウォービーは、自分でつくったハイドロプレーン、スピリット・オブ・オーストラリアにのり、時速約510キロメートルものスピードを出すことに成功した。それ以来、ウォービーの記録をやぶろうとちょうせんして、いく人かの人が命を落としているんだ。

計器盤 計器盤には、エンジンの温度や燃料の残りの量などの情報を知らせるメーターがある。

ハンドル ハンドルはケーブルで船外機（エンジン）につながっている。ハンドルを動かすことで船外機のむきを左右に変えることができる。

1911年まで、世界で最も速い水上速度記録は、蒸気機関で動く船のものだったんだ。

燃料タンク 2ストロークエンジンの燃料は、ガソリンに特別な「潤滑油」というオイルがまぜられたものだ。

水上滑走用の船底 水の上をすべるように走る船の底は、ほとんど平らか、わずかにV字型をしている。スピードが速くなると、船体はほぼ完全に水面より上に上がり、船が前に進むのをじゃまするような、水が押しもどす力を受けなくなる。

炭素せんいでできた船体 船体は、とても速いスピードで波にはげしくぶつかるため、かなりじょうぶでかたくなければならない。

＊2ストロークガソリンエンジンの仕組み

2ストロークエンジンは、シリンダーの中でピストンが上むきと下むきの2回、つまり1おうふく動くごとに動力を生み出す。ピストンが下から上へ動くことで、ピストンの上にあるシリンダー内の、燃料をふくんだ空気（混合気）を押しちぢめ、それと同時にピストンの下のクランク室に、新しい混合気がすいこまれてくる。続いて、シリンダーの中の混合気が点火されて爆発し、ピストンを押し下げる。これによって、ピストンの下にあった新たな混合気がピストンの上にうつり、燃焼ガスを押し出すんだ。

1. 燃料をふくんだ空気（混合気）を押しちぢめて点火する
2. 新たな混合気がクランク室にすいこまれる
3. 爆発して燃えることでピストンを押し下げる
4. 新たな混合気が押しちぢめられ、クランク室からシリンダーに押されてくる
5. 燃焼ガスが押し出される

スパークプラグ／シリンダー／コンロッド／クランク室／クランクシャフト／ピストン／吸気口／コンロッドがクランクシャフトを回す

ピストンが下から上へ動くとき　　ピストンが上から下へ動くとき

>>> 船・潜水艦 <<<

世界水上速度記録の第一人者、ケン・ウォービーは、スピリット・オブ・オーストラリアを自分の家でつくったんだ。ウォービーの世界最速記録は、1978年、オーストラリア南東部のスノーイ山脈を流れるチュマット川のブロワリングダムで打ち立てられた。

＊ ごうかな スピードボート

モータークルーザーやモーターヨット、またそれに似たタイプの高速モーターボートは、ただ単にスピードを出すためだけにつくられているのではない。時速60キロメートル以上という比較的速いスピードを出しながら、心地よく船旅をするのに最高の船なんだ。より大きいタイプのものには、「バース」とよばれるベッド、「サルーン」とよばれる談話室、「ギャレー」とよばれるキッチンなどの設備がある。操縦室とはさらに別に、屋上に、天気のよいときに使えるよう、操縦のための機器がもう1セットそなえられた、見晴らしのよいフライブリッジがついている場合もある。

エンジンをふかしてスピードを上げるスピードボート

シート 操縦席のシートは、クッションがしっかり入っている。速いスピードを出しているときは、水面のわずかなさざ波さえも、船体がガタガタと上下にゆれたり、ガンガンと船底をたたいたりする原因になるからだ。

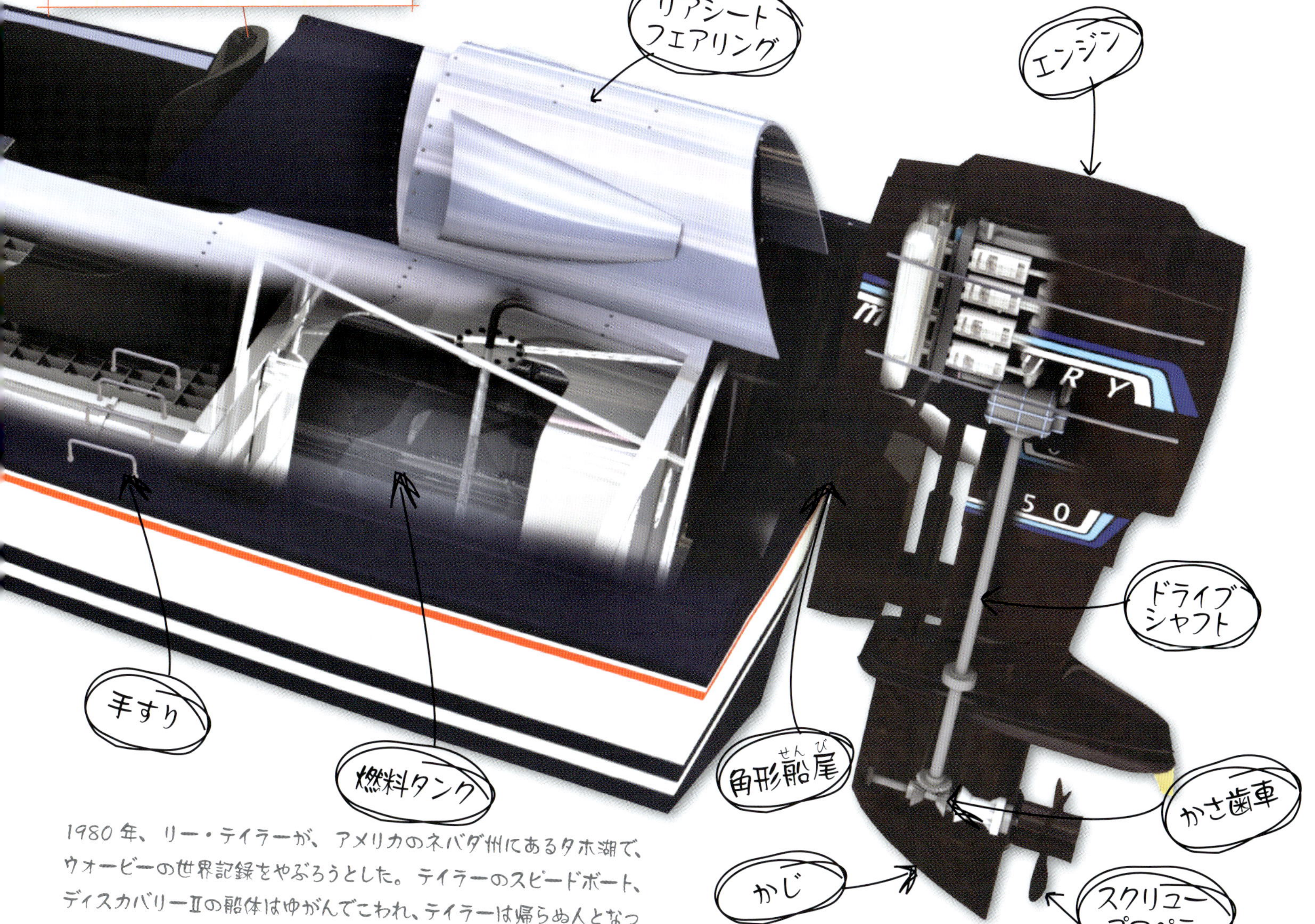

- リアシートフェアリング
- エンジン
- 手すり
- 燃料タンク
- 角形船尾
- かじ
- ドライブシャフト
- かさ歯車
- スクリュープロペラ

1980年、リー・テイラーが、アメリカのネバダ州にあるタホ湖で、ウォービーの世界記録をやぶろうとした。テイラーのスピードボート、ディスカバリーIIの船体はゆがんでこわれ、テイラーは帰らぬ人となってしまった。

13

オフショアパワーボート

オフショアパワーボートはレース用で、海岸から遠くはなれた広い海で、波や風やあらしをものともせず進むようにつくられている。時速160キロメートルで波にぶつかるのは、レンガでできたかべにぶつかるのとほとんど同じようなもの。パワーボートの船体は、けたはずれにがんじょうで強くかたくなければならないんだ。ふつう、2つの船舶用ディーゼルエンジンかガソリンエンジンで動く。パワーボートP1ワールドチャンピオンシップレースでは、ディーゼルエンジンなら最高13リットルのものまで使える。これは家庭でのる自動車のエンジンの6倍の大きさだ。

へえ、そうなんだ！

ディーゼルエンジンは、1890年代初めころ、ルドルフ・ディーゼルが発明した。ガソリンエンジンよりも重いけれども、パワーボートやトラックやトラクターなど、大きな馬力を必要とするものには役に立つんだ。

この先どうなるの？

電気で動くパワーボートというのは1880年からあるけれども、その最新のモデルは、時速100キロメートル以上のスピードを出すことができ、静かでよごれた排気ガスを出さない。

最も距離の長いオフショアパワーボートレースの1つが、ラウンドブリテンパワーボートレース。2500キロメートルの距離を、平均時速100キロメートル以上のスピードで進むんだ。

燃料タンク パワーボートの中には、1000リットルをはるかに上回る量の燃料が入るものがある。これは、ほとんど1日中のり続けられるだけの量だ。

船体 パワーボートは、スクリューとかじだけが水の中に入って、あとの部分は水面の上をすべっていく。船体はアルミニウムをベースとした合金か、炭素せんいの合成物でできている。

手すり

クリート

内部構造 水が入らないようにつくられている船体内部は、燃料タンク以外はほとんどが空気なので、パワーボートはとても軽い。合金でできた骨組みで、船体の形をしっかりたもっている。

✳ ものすごい速さの戦い

パワーボートのレースにはたいへんなお金がかかる。トップチームともなると、数千万ポンド（日本円で約数十億円）も費やしてしまうんだ。でも、レースに勝つには、ただ速いだけではだめだ。パワーボート自体がこわれにくく、また、燃料を使いすぎないようなものでなくてはならない。操縦する人は、波や潮の満ち引き、潮の流れや風などを考えにいれなければならないし、流木など、海の中のきけんな物をいつでも見はっていなければならない。波にぶつかって進むということは、たとえクッションのよいシートにすわってシートベルトをしっかりしめていたとしても、人の体にとってはきついことなんだ。

すさまじいオフショアパワーボートレース

パワーボートの大会には、いくつかのレースを組み合わせたものもある。たとえば、スプリントとよばれる50キロメートル以下のレースと、エンデュランスとよばれる150キロメートル以上のレース、2つのレースの成績を合わせて競うんだ。

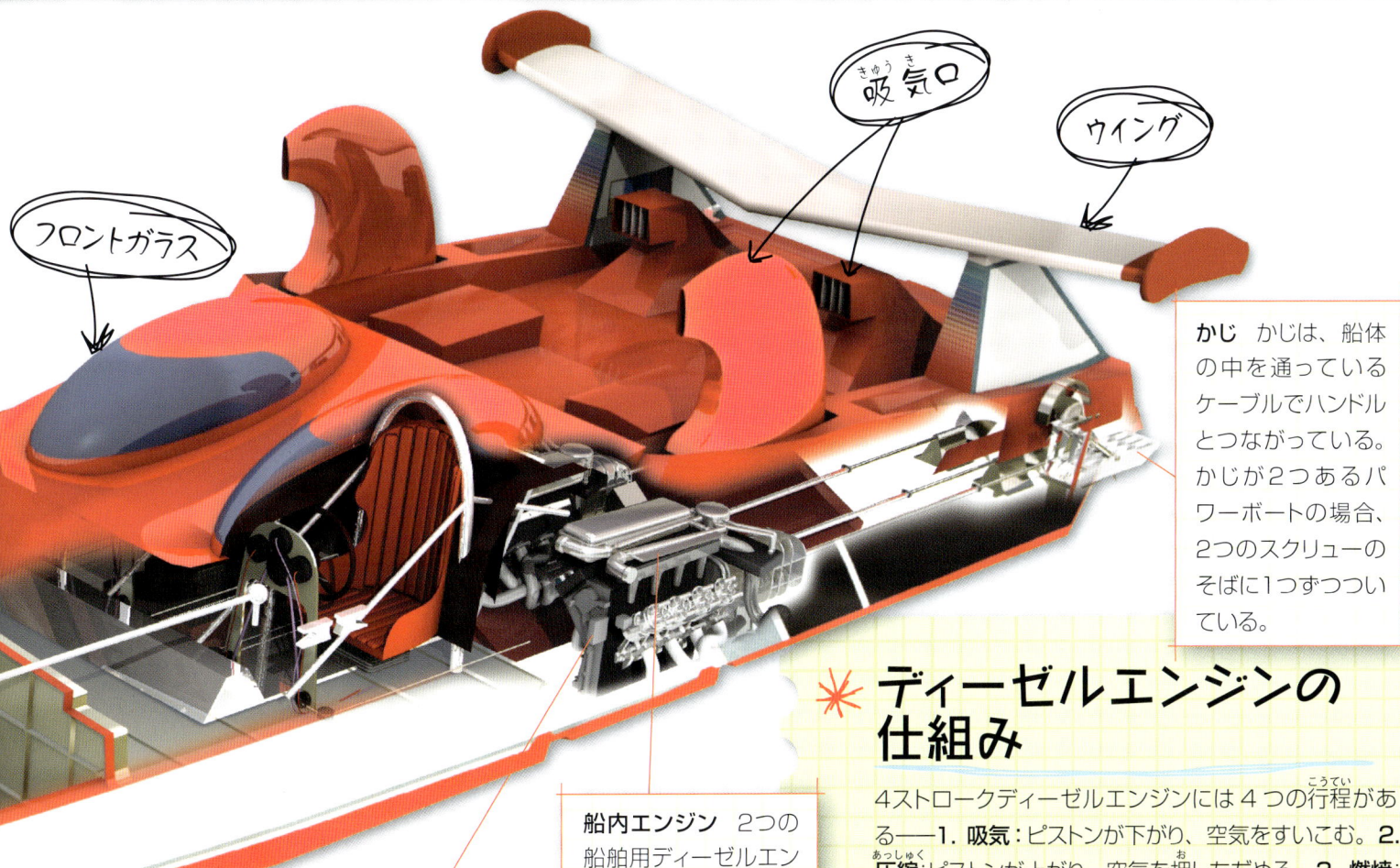

>>> 船・潜水艦 <<<

フロントガラス

吸気口

ウイング

かじ　かじは、船体の中を通っているケーブルでハンドルとつながっている。かじが2つあるパワーボートの場合、2つのスクリューのそばに1つずつついている。

船内エンジン　2つの船舶用ディーゼルエンジンはボートの後ろのほうについていて、大きなカバーにおおわれている。点検や修理のときはカバーがはずせるようになっている。

エンジン冷却　船舶用エンジンは、海水で冷やされる。自動車のエンジンのようにラジエーターの中に水をくりかえしめぐらせるのではなくて、海水がたえず吸水口から入っては排水口から出ていく仕組みになっている。

✳ ディーゼルエンジンの仕組み

4ストロークディーゼルエンジンには4つの行程がある——1. 吸気：ピストンが下がり、空気をすいこむ。2. 圧縮：ピストンが上がり、空気を押しちぢめる。3. 燃焼：空気が押しちぢめられてとても熱くなったところに燃料がきりのようにふき出されて爆発し、ピストンを押し下げる。4. 排気：ピストンが上がり、燃焼ガスを押し出す——このようなピストンの上下運動が、間をつないでいるコンロッドによって、クランクシャフトとよばれるエンジンのメインシャフトの回転運動に変わるんだ。

パワーボートの中には、条件がそろえばレースで時速250キロメートル以上出すものがある。でも、天気がよくない場合などは、エンジンにとりつけられたリミッターという装置で、もっと遅いスピードにおさえられるんだ。

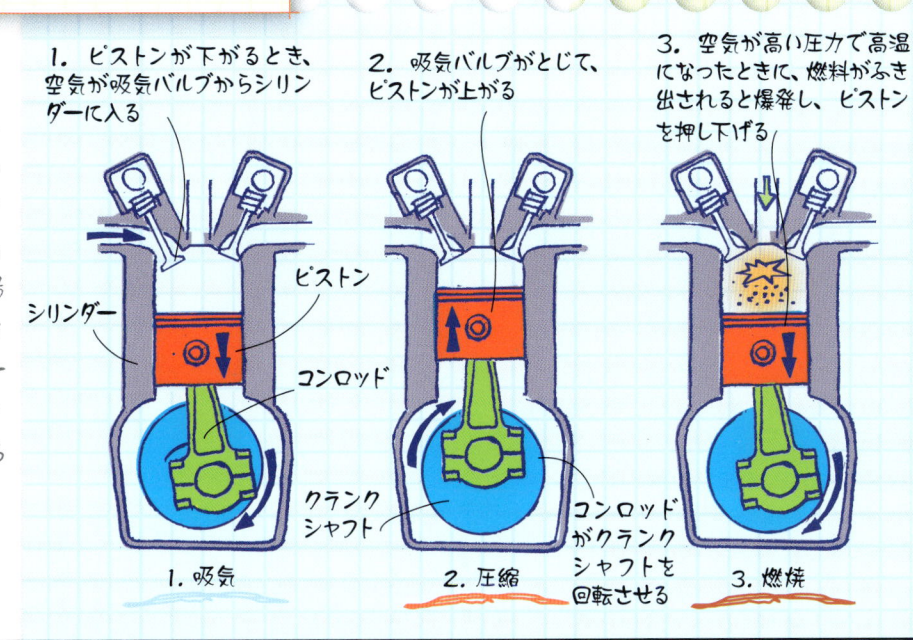

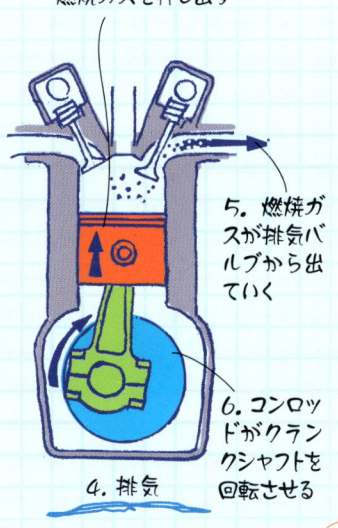

1. ピストンが下がるとき、空気が吸気バルブからシリンダーに入る

2. 吸気バルブがとじて、ピストンが上がる

3. 空気が高い圧力で高温になったときに、燃料がふき出されると爆発し、ピストンを押し下げる

4. ピストンが上がり、燃焼ガスを押し出す

5. 燃焼ガスが排気バルブから出ていく

6. コンロッドがクランクシャフトを回転させる

シリンダー　ピストン　コンロッド　クランクシャフト　コンロッドがクランクシャフトを回転させる

1. 吸気　　2. 圧縮　　3. 燃焼　　4. 排気

15

水中翼船

水中翼船は、船体の下の部分にある支柱にとりつけられた翼のような「水中翼」を使って、水面の上を飛ぶように進む。この水中翼は、飛行機の翼と同じように、速いスピードになると「揚力」という上に引き上げる力を生み出すんだ。この力が水中翼をもち上げるので、その上にある船体が水面の上に上がるというわけだ。そうなると、船が水の中を進むのをじゃまする力はとても少なくなる。船体が上がるので、荒れた海や波からものがれられるんだ。

へえ、そうなんだ！

水中翼船は、さまざまな科学者や技術者たちによって、だんだんと開発されてきた。1900年前後にはジョン・ソーニクロフトが研究開発しているし、エンリコ・フォルラニーニは、1906年に水中翼船で当時の最高速度を達成した。電話を発明したアレクサンダー・グラハム・ベルは1906年あたりから研究し始め、さらに速い水中翼船をつくったんだ。

この先どうなるの？

技術者たちは、たえず新しい水中翼の開発にとり組んでいる。たとえば、船の速さに合わせて、カーブした翼の形を変えられる、高い性能をもった水中翼などだ。

エアーチェアーは、大きな水上スキーのボードにいすがついているようなもので、水中翼がある。スピードボートに引っぱられて水の上を飛ぶように進むんだ。

手すり

バルクヘッド

スクリュープロペラ スクリューの1つが、もう1つのスクリューより速く回転することで、船のかじの役わりをはたす。

ドライブシャフト プロペラシャフトともよばれる長いドライブシャフトは、船体が完全にもち上がっても、スクリューだけは水の中に入っているように、船の下のほうに深くのびている。

水中翼船の船体は、完全に水の上だ。

✳ いそがしく動き回る便利屋

お客さんをのせる水中翼船は、スピードの速いフェリーとして、とくに南アジアや東アジアなどをはじめ、たくさんの地域で働いている。なめらかなのり心地ですばやく水の上を走り、湖や川、入り江や防波堤にかこまれた海岸ぞいなどを行きかうのに便利だ。でも、大きな波やものすごく強い風はにがてで、手こずるかもしれない。

支柱 水中翼の支柱は、幅がせまく前後のはしがとがっていて、水のていこうができるだけ少なくなるようになっている。中には、支柱が左右に回転でき、かじのような働きをする船もある。

>>> 船・潜水艦 <<<

水中翼船の仕組み

水中翼の形は真横から見るとふくらんでカーブしている。この翼の断面は、「翼型」というんだ（6ページも見てみよう）。カーブの曲がり方は翼の下よりも上のほうが大きくなっていて、水中翼を通りすぎる水の流れは、下を通るより上を通るほうが速い。速く流れるということは、水の押す力（圧力）がより小さいということ。翼の上を押す力が小さいために、揚力とよばれる、上に引き上げる力が生まれて翼が上がり、それといっしょに船体も水の上にもち上げられるんだ。

サーファーの中には水中翼がついているボードをもっている人がいる。海岸から遠くはなれたところで、本当に大きな波にのるために使うんだ。

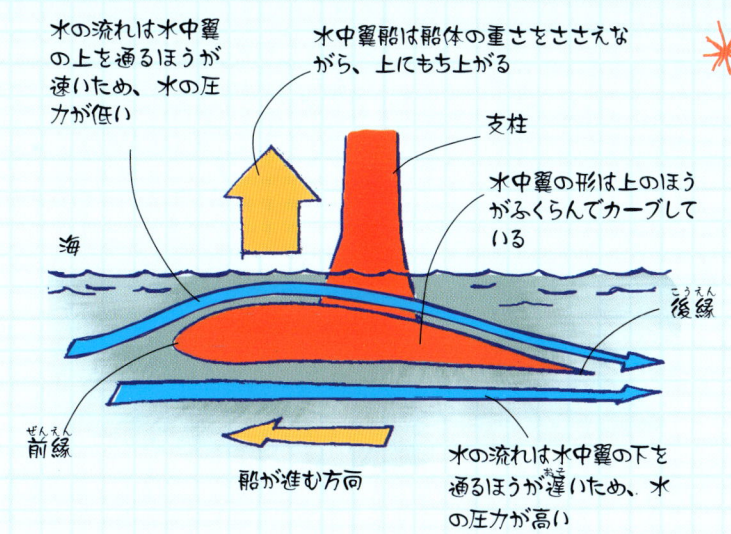

水の流れは水中翼の上を通るほうが速いため、水の圧力が低い

水中翼船は船体の重さをささえながら、上にもち上がる

支柱

水中翼の形は上のほうがふくらんでカーブしている

海

後縁

前縁

船が進む方向

水の流れは水中翼の下を通るほうが遅いため、水の圧力が高い

最もよく使われている旅客用水中翼船は、ボーイング929で、ジェットフォイルとよばれているもの。200人以上のお客さんをのせることができ、時速80キロメートルもの速さで進めるものもあるんだ。

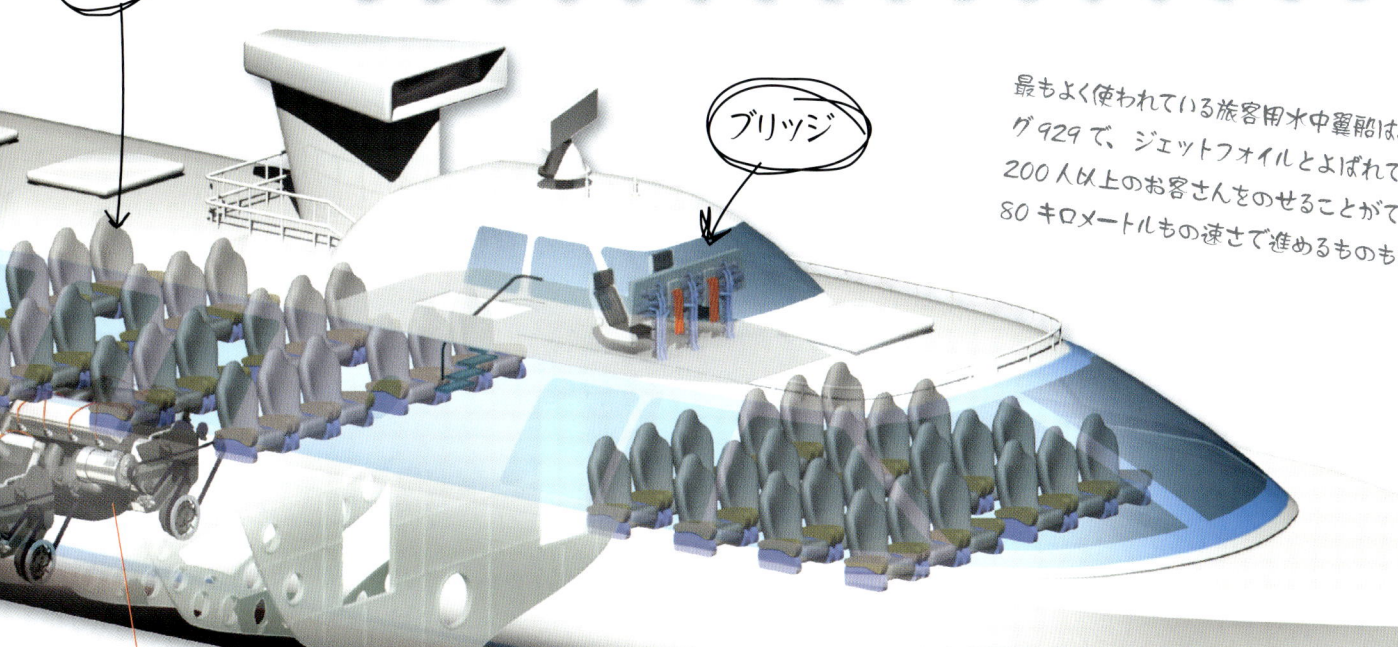

座席

ブリッジ

エンジン お客さんをのせる水中翼船は、船体が安定しバランスがよいように、1つか2つのディーゼルエンジンが船体の低い部分にあるものが多い。

船体 船のスピードが速くなるにしたがって、船体は少しずつもち上がっていく。船体は、ガラスせんい強化プラスチックと炭素せんいの複合素材のような、最も技術の進んだ材料でできている。

水中翼 水中翼には、わずかにV字型になっているものもあれば、U字型やさかさまのT字型のものもあり、がんじょうでかたい金属でつくられている。

本当にあるものではないけれども、ディスコ・ボランテ号は、ジェームズ・ボンドがかつやくする"007 サンダーボール作戦"に出てくる水中翼船だ。映画の中では、ボンドのライバルである敵の組織"スペクター"のスパイが使っていた。

17

軍用ホバークラフト

ホバークラフトとは、船のように進むというよりは、水面のわずか上にうきながら飛んでいく、エアークッション艇のことだ。ホバークラフトのとても便利なところは、水の上と同じように平らな地面の上も進んでいけること。アメリカ軍のホバークラフトは、LCAC（エルキャック）とよばれる、とても大きな「エアークッション型揚陸艇」で、水面すれすれに飛ぶ「低高度航空機」と荷物を運ぶ「輸送艇」が合体したようなものだ。LCACは、大きな輸送船から兵士や車両や装備を海岸まで運び、そのまま陸に上がっていくことができるんだ。

へえ、そうなんだ！

世界初の大型実用ホバークラフト、SR-N1は、1959年にサンダース・ローという航空機製造会社のクリストファー・コッカレルとその開発チームによってつくられた。SR-N1は、水面や地面からおよそ25センチメートル、うき上がった。

この先どうなるの？

個人用のホバークラフトの人気が出てきているけれども、これはおもにレジャーで楽しんだり、レース競技をしたりするためのもの。道路を走ることはゆるされていないし、ものすごく強い風のときは、運転がたいへんなんだ。

LCACは、70トンの荷物が積める。これは、"M1エイブラムス"という戦車、1両分の重さだ。

バウスラスター この管でリフトファンが出す空気の一部をもってきて、どの方向にでもふき出すことができ、陸の上や水の上での船体の操縦を助ける。

✴ ホバークラフトの仕組み

ホバークラフトは、高い圧力のかかった空気の"クッション"の上にういている。リフトファンとよばれるインペラー（羽根車）には、ななめにとりつけられたブレード（羽根）があって、ヘリコプターに使われているガスタービンなどのエンジンで回る。このリフトファンは、ものすごい速さと力で空気を下むきにふき出すんだ。その空気は、ホバークラフトの下のスカートとよばれるゴム製のしなやかなかべのようなものの中に集められ、船体をもち上げるのに十分な圧力をつくりだす。船体がスカートのすそ部分までうくと、空気はその下のはしからにげ始める。けれどもホバークラフトがうくのに十分な圧力は、そのままたもたれるんだ。

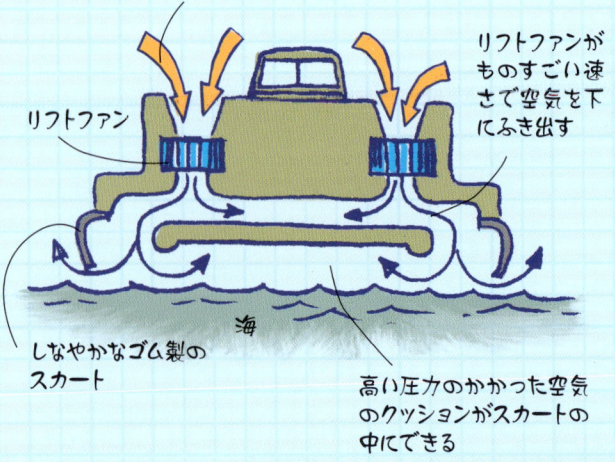

空気がとり入れ口からすいこまれる
リフトファンがものすごい速さで空気を下にふき出す
リフトファン
海
しなやかなゴム製のスカート
高い圧力のかかった空気のクッションがスカートの中にできる

コントロール室
ランプ

アメリカ軍のLCACは、長さがおよそ27メートルで、幅がおよそ14メートル、ういているときの高さは7.2メートルだ。

18

>>> 船・潜水艦 <<<

リフトファン
バウスラスター
リアリフトファン
フロントリフトファン
送風ダクト

イギリスのグリフォン・ホバークラフト社（今のグリフォン・ホバーワーク社）がつくった2000TD型ホバークラフトは、世界7カ国以上の軍隊で使われている。

プロペラ 飛行機で使われているような大きなプロペラが、首輪のような形のシュラウドとよばれるおおいの中に入っていて、そのすぐ後ろに方向舵がついている。

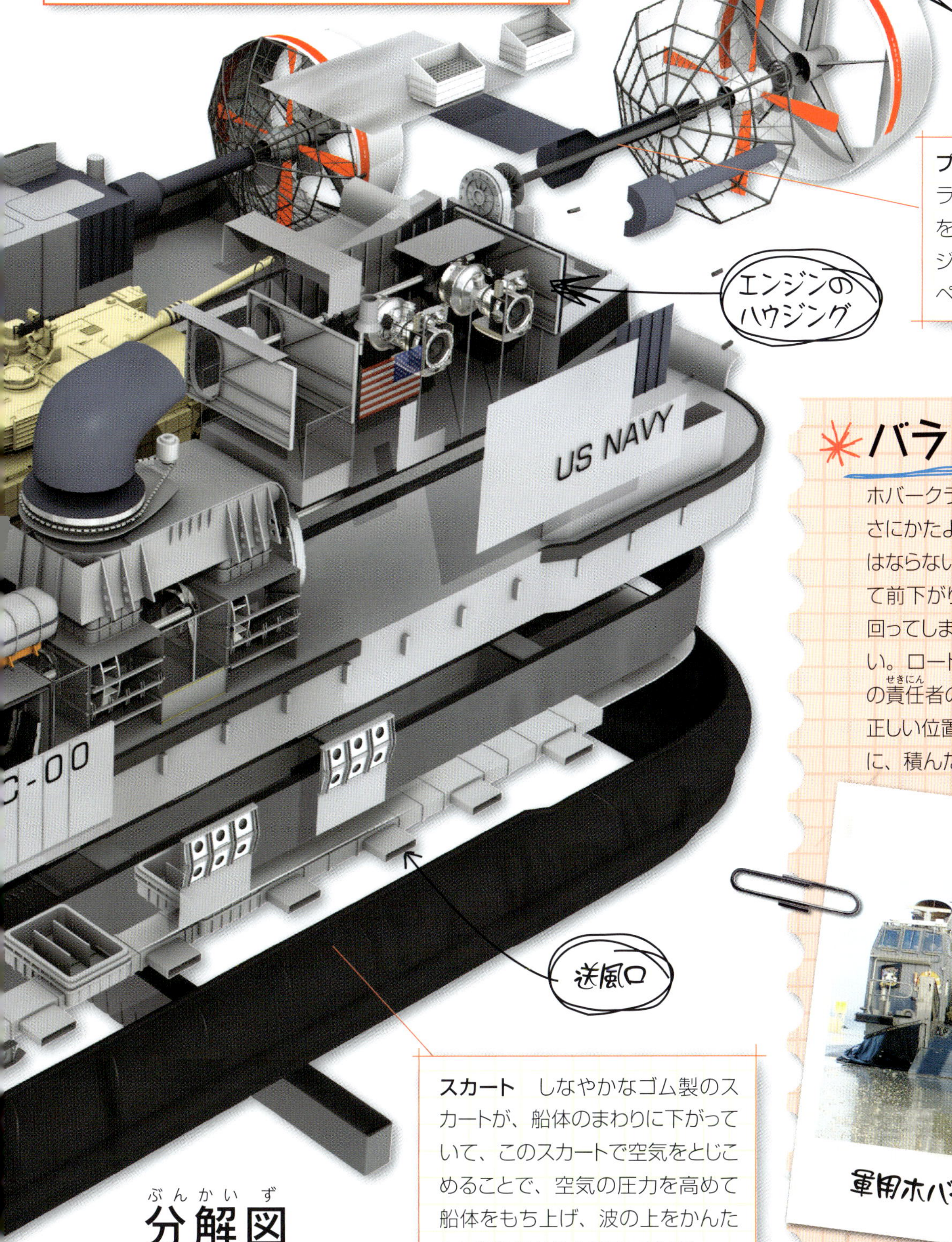

方向舵

プロペラシャフト それぞれのプロペラシャフトは、4500馬力以上の力を生み出す1台のガスタービンエンジンで回転し、その先についたプロペラを回す。

エンジンのハウジング

✱ バランスが大事!

ホバークラフトは、船体に荷物を加えた全体の重さにかたよりのないように、バランスをとらなくてはならない。そうしないと、船体が水平でなくなって前下がりのままういたり、かた方にかたむいて回ってしまい、前に進まなかったりするかもしれない。ロードマスターとよばれる、船内にある荷物の責任者の仕事は、すべての荷物の一つひとつを正しい位置に積み、安定したバランスがとれるように、積んだ荷物をしっかり固定することなんだ。

送風口

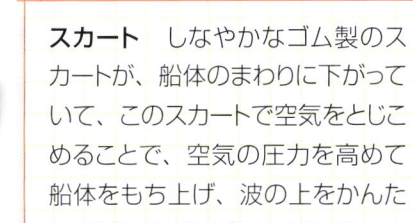
分解図

スカート しなやかなゴム製のスカートが、船体のまわりに下がっていて、このスカートで空気をとじこめることで、空気の圧力を高めて船体をもち上げ、波の上をかんたんに通りこせるようにしている。

軍用ホバークラフトへの積みこみ

旅客用ホバークラフト

お客さんや自動車をのせて運ぶホバークラフトは、世界中さまざまなところで使われてきたけれども、最近はあまりみられなくなった。このような旅客用ホバークラフトは、水上からそのまま坂をのぼって陸に上がり、そこで人や荷物をのせたりおろしたりできる。スピードも速く、時速100キロメートル以上で船旅ができ、おだやかな天候のときにはなめらかなのり心地だ。でも、のっている間は音がうるさいし、大きな波が来ると船体がふらついたりゆれたりして、お客さんを船よいさせる場合もあるんだ。

商用のホバークラフトの中で最大級のものには、フランスのN500や、イギリスのSR-N4などがあった。これらは、重さ260～300トン、長さが約50メートルで、400人のお客さんと50台以上の自動車を運ぶことができたんだ。

ロシアのZUBR（ズーブル）は、現在世界で最も大きいホバークラフトだ。重さ550トンで、荷物をめいっぱい積んだジャンボジェットよりもさらに150トンほど重い。

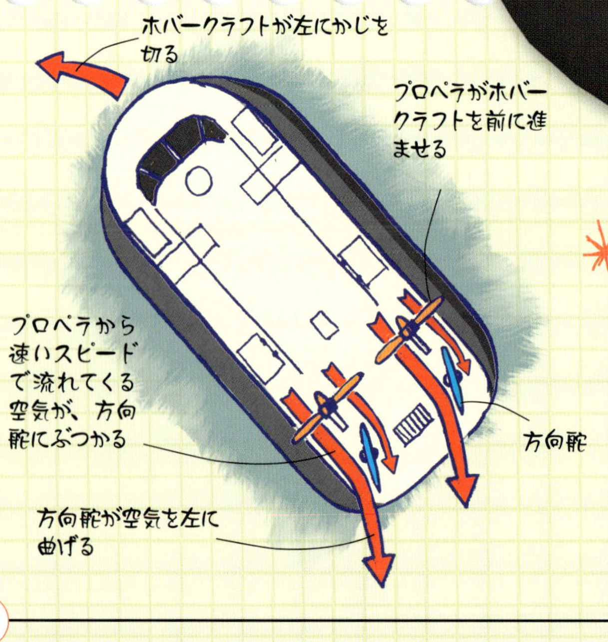

へえ、そうなんだ！

初めのころのホバークラフトにはスカートがなく、かんたんにひっくり返った。ふくろの形に細かく分かれた、しなやかに曲がるスカート（フィンガースカート）が開発されたのは1962年のこと。クリストファー・コッカレルといっしょに働いていた、デニス・ブリスという人が開発したもので、安定性が悪いというそれまでの問題をあらためるのに一役買った。

この先どうなるの？

新しいタイプのホバークラフトは、人里はなれた湿地を探検するのに使われている。エンジンを切ってめずらしい動物を観察するので、野生生物が生きている環境をあまりみださないんだ。

操縦席 ホバークラフトのおもな操縦は、うき上がる高さ調節用のスロットルや速さ調節のメインスロットルを上げ下げしたり、方向舵を動かすためにハンドルを動かしたりすることだ。

ブリッジ ブリッジとは大きな船の操縦室で、船長と操舵手が、まわりを見はったり、操縦したりするところだ。

座席

スカート

救命ゴムボートコンテナー

ホバークラフトはどうやって曲がるの？

ホバークラフトは、プロペラ飛行機のようにプロペラで前に進む。ホバークラフトの中には、プロペラが支柱の上で左右に首をふり、空気をななめにふき出して曲がるものもあるが、そのほかのタイプは方向舵で空気を横に押し出して曲がる。強い風のときの操縦はやりにくいんだ。

- ホバークラフトが左にかじを切る
- プロペラがホバークラフトを前に進ませる
- プロペラから速いスピードで流れてくる空気が、方向舵にぶつかる
- 方向舵が空気を左に曲げる
- 方向舵

>>> 船・潜水艦 <<<

巨大なホバークラフトSR-N4は、1968年から使われるようになったが、燃料費がどんどん高くなっていったため、2000年までの間にだんだんと姿を消していってしまった。

プロペラの支柱

はしご

リフトファン

プロペラ プロペラは、推進力を生み出す回転羽根だ。ふつう最新の複合素材でできていて、1秒間に50回以上、回転できる。

方向舵 方向舵は、プロペラのすぐ後ろにある。とても速い空気の流れの中にあると、最も効果があるからだ。

エンジン 小さめのホバークラフトは、ターボチャージャーつきのディーゼルエンジンで動くのに対し、大きめのホバークラフトは、ガスタービンエンジンで動く。

1950年代半ば、イギリスの技術者、クリストファー・コッカレルは、"表面効果翼機"の試験機をたくさんつくった。

1716年、エマヌエル・スヴェーデンボリは、世界で初めてホバークラフトの設計図をかいた。でも、ちょうどよい動力機関がなかったので、スヴェーデンボリは、人の手でこぐオールを動力として考えたんだ。そんなことはぜったい無理だっただろうね！

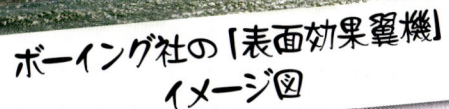
ボーイング社の「表面効果翼機」イメージ図

✳ 海の怪物？

昔のソ連（現在のロシアとそのまわりの国々）軍のエクラノプランなど、表面効果翼機とか水面効果翼船などとよばれるのり物は、飛行機のような翼がありながら、船のような形の機体をしている。水の上でスピードを上げると、角度のついた翼が、翼とその下にある水との間に空気のクッションをつくりだし、水面すれすれの高さに機体をもち上げるんだ。「水面や地面に近づくと揚力（もち上げる力）が大きくなる」という"表面効果"がないと、翼は十分な揚力を生み出せないので、機体はそれ以上は高く上がらない。表面効果翼機は500トン以上の重さがあり、ターボジェットエンジンを使って、時速500キロメートル以上の速さで飛ぶ。広い湖や内海で、軍事用にためされたこともある。

21

クルーズ客船

広い海をなめらかに進みながら、スイミングプールをはじめ、映画館、レストラン、スポーツジムまで、楽しく過ごせる施設がなんでもそろう、まるでごうかなホテル——クルーズ客船は、有名な港や観光スポットをおとずれる何千人ものお客さんにとっては休日を楽しむ別荘のようなものだ。客船が港に着くと、お客さんたちは船をおりて観光に出かけ、乗組員たちは、たりなくなった食料品や水や燃料、そのほか生活に必要なものの積みこみ作業をすばやくおこなうんだ。

へえ、そうなんだ！

初めてつくられた専用のクルーズ客船は、プリンツェッシン・ヴィクトリア・ルイーゼで、1900年から使われ始めた。重さが4400トンあり、地中海や黒海のほか、大西洋やカリブ海もわたる船旅をした。1906年、船が岩にのり上げる事故をおこしたとき、船長は強く責任を感じて、銃で自殺してしまったんだ。

この先どうなるの？

これから先計画される巨大なクルーズ客船には、船の中央に、小道が通っていてボーダー花だんや木々のある、緑におおわれた街の公園のようなエリアができるかもしれない。

最も大きいクルーズ客船の1つが、2003年に完成した、クィーン・メリー2だ。重さ約15万トン、長さ344メートルで、サッカーのピッチ3つ分より長い。

レーダーマスト

ブリッジ

船首

貨物倉 真水や食料品などのようなたくわえは、船体の下のほうにおいて、海が荒れたときにころがったり落ちたりするのをふせぐために、ロープで結んで動かないようにしなければならない。荷物の重さが船底のおもりとなって、船がより安定するようになっている。

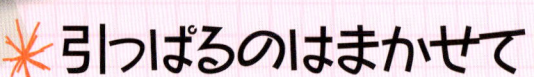

客船を港へ連れて行く、力もちのタグボート

✳ 引っぱるのはまかせて！

とても大きな船はスピードを落として止まるまでに、数キロメートルかかる。この間に、風でコースからそれたり、潮や海水の流れで押し流されたりするんだ。そこでかつやくするのがタグボート。ホーサーとよばれるじょうぶなロープで大きな船を引っぱる、小さな力もちのボートだ。自分より大きな船を押すことだってある。タグボートの船長は、地元の海のことをよく知っていて、船を正しい位置に少しずつ動かす。さらにうまく船をみちびくために、2せき以上のタグボートがいっしょになって働くこともあるんだ。

>>> 船・潜水艦 <<<

クィーン・メリー2は、最大2620人のお客さんとおよそ1250人の乗組員をのせられる。最高にごうかなクルーズ客船の中には、お客さんより多くの乗組員やスタッフの人たちをのせる船もあるんだ。

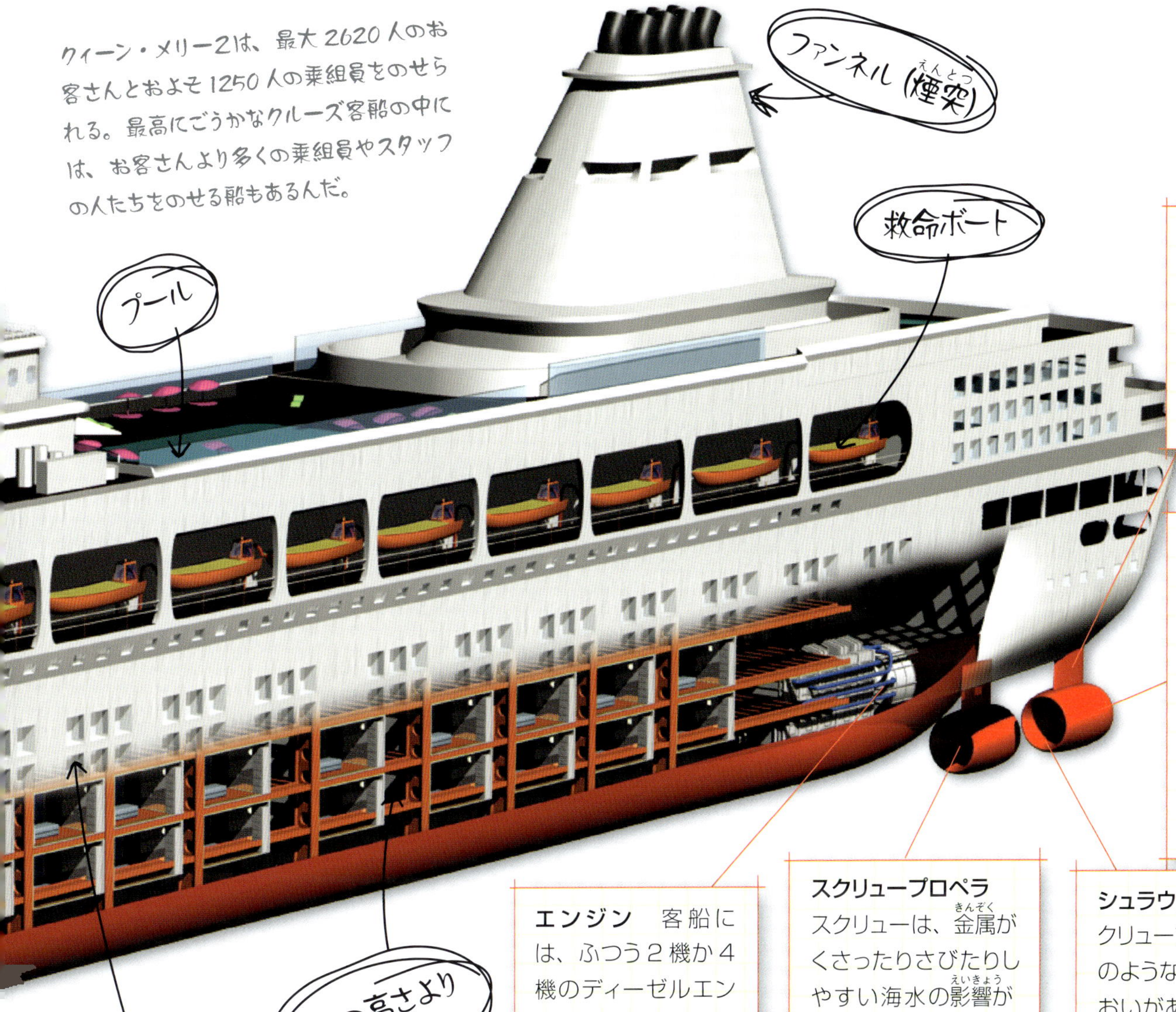

ファンネル（煙突）

救命ボート

プール

支柱 スラスターのプロペラシャフトは、スクリュープロペラの支柱の中を通っていて、ギアでエンジンとつながっている。

アジマススラスター このスラスターは船を前に進ませるものだが、首をふってむきを変えると、船を横方向へ動かすスラスターとなる。これで船の操縦ができるため、方向舵は必要ない。

船室のまど

水面の高さより低い船室

エンジン 客船には、ふつう2機か4機のディーゼルエンジンが、船が安定するように船の下のほうについている。

スクリュープロペラ スクリューは、金属がくさったりさびたりしやすい海水の影響が少ないように、合金でつくられている。

シュラウド スラスターには、スクリュープロペラのまわりに首輪のような形のシュラウドというおおいがある。これは、スクリューを守り、推進力がさらにますように水をみちびくためにある。スラスターの中には、シュラウドのないスクリューだけのものもある。

"ザ・ワールド"という名前の客船は、マンションのようにだれでも個室を買うことができる。すきなときだけそこで過ごすことも、一生そこに住むこともできるんだ。その間ずっと、"ザ・ワールド"は、ゆっくりと地球を回っている。

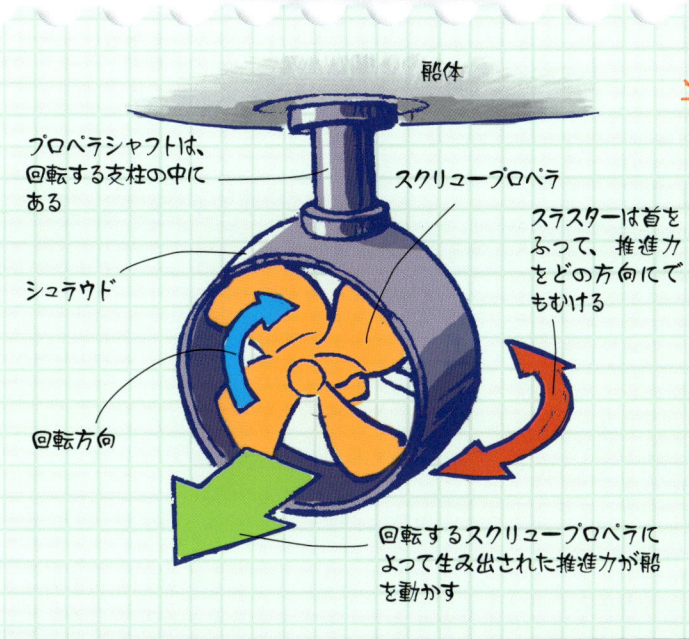

船体

プロペラシャフトは、回転する支柱の中にある

スクリュープロペラ

シュラウド

スラスターは首をふって、推進力をどの方向にでもむける

回転方向

回転するスクリュープロペラによって生み出された推進力が船を動かす

✱ バウスラスターの仕組み

巨大なクルーズ客船は、ちょくちょく小さな港に入らなければならないが、船が広い海を進む間におもに使われる方向舵は、ゆっくりとしたスピードでは働かない。そこで、船首についたバウスラスターの出番となる。スラスターは、メインスクリューとして、あるいは、船首または船尾の小さな補助スクリューとして働き、スクリュープロペラの推進力をあらゆる方向にむけるために、首をふる。だから、クルーズ客船は、横にもななめにも後ろむきにも進めるんだ。

貨物船

貨物船やその仲間の船は、よく働く"海のトラック"だ。世界中の海をあちこち動き回って、自動車やテレビをはじめ、食料品や花まで、ありとあらゆる種類の荷物を運んでいる。貨物船は港に着くとすぐ、すばやく荷物をおろし、また別の荷物で船をいっぱいにして、ふたたび港を出発していく。世界をまたにかけた貿易は、「時は金なり」のことわざ通り、時間が勝負。むだはゆるされない大きな取引なんだ。

へえ、そうなんだ！

クレーンは2500年以上も前に古代ギリシャで船の荷物の積みおろしに使われていた。数学者で科学者のアルキメデス（紀元前287〜212年）は、ものすごく大きなクレーンをつくり、敵の船を水からつり上げるなんてことをやってのけたといわれているんだ！

沿岸航行船は、"喫水"のあさい船、つまり、船体があまり深く水面の下にしずまない船だ。陸に近い、水のあさいところを進み、水の中の石や岩にぶつからずに通ることができる。そんな場所は、水中に深く船体がしずむような、広い海を進む船だったら、のり上げてしまうだろう。

マスト

ブリッジ 船はブリッジとよばれる操縦室で操縦される。ブリッジには、かじをとる舵輪や速度を調節する装置、エンジンの温度や燃料の残りの量などのたくさんの情報を知らせるメーターやモニターなどがある。

2008年、6400台の自動車を運べる日本の貨物船が完成した。この船は、太陽光も利用する世界初の大型船で、320枚以上の太陽電池パネルでつくられた電気で、船の電力の一部をまかなったんだ。

方向舵

スクリュープロペラ

※ スクリュープロペラの仕組み

- プロペラシャフトが回転し、スクリュープロペラを回す
- スラストベアリング
- スクリュープロペラ
- 防水ベアリング
- プロペラシャフトはエンジンにつながっている
- 推進力
- スクリュープロペラが回転すると、水をすいこんで後ろにふき出し、大きな推進力が生まれる
- プロペラブレード（羽根）の断面図

よく、スクリューとよばれる、船のスクリュープロペラには、ななめについたブレード（羽根）があって、それが回転することで水を後ろへ押し出す。その推進力で船を前に進ませるんだ。ブレードは、水を後ろへ押し出すだけでなく、前からすいよせることができるように、「翼型」とよばれる形をしている（17ページも見てみよう）。エンジンにつながるプロペラシャフトは、何セットかのベアリングを通っている。スクリュープロペラで生まれた推進力は、ベアリングで船体に伝えられるんだ。

船体 実際に働いている貨物船のほとんどは、その強さとがんじょうさが長もちするように、船体がスチールのパネルを溶接してつなげたものでできている。これだと修理もかんたんだ。

>>> 船・潜水艦 <<<

✴ ばら積み船

貨物船の一部は、「ばら積み船」だ。これは、大きな箱やコンテナーに入っていない積み荷、たとえば、気体や液体、あるいは、つぶになった小麦・砂・セメント・小さな石炭のかたまり・金属鉱石のような、かわいた小さなかたまりなどをそのまま入れて運ぶ船なんだ。つぶや粉は、そうじ機のような強力な空気吸入装置を使い、パイプの中を流すようにして積みおろしがおこなわれる。もっとかたまりが大きくなると、大きなバケツやスコップのようなものですくい出されるんだ。

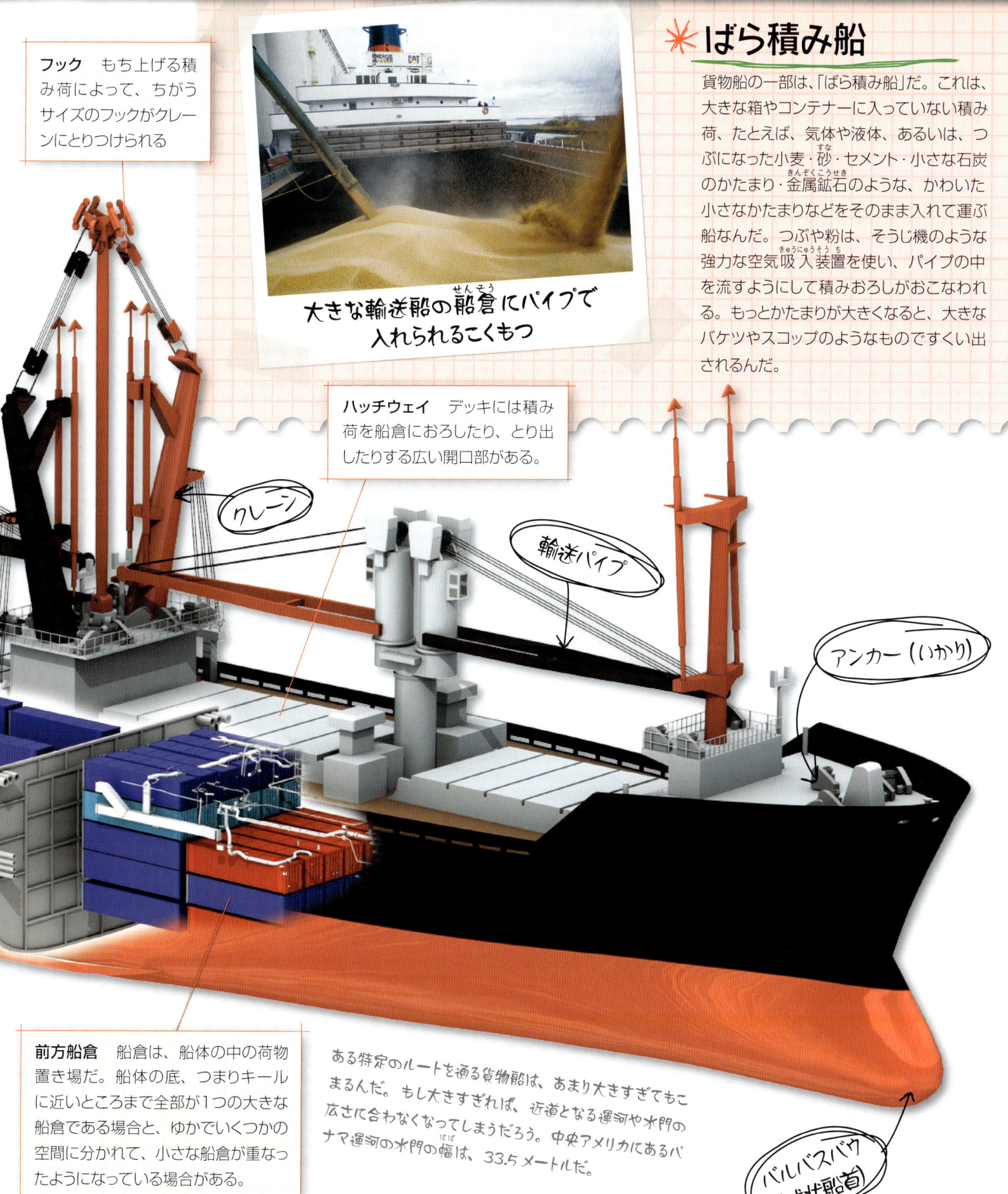

大きな輸送船の船倉にパイプで入れられるこくもつ

フック もち上げる積み荷によって、ちがうサイズのフックがクレーンにとりつけられる

ハッチウェイ デッキには積み荷を船倉におろしたり、とり出したりする広い開口部がある。

クレーン
輸送パイプ
アンカー（いかり）
バルバスバウ（球状船首）

前方船倉 船倉は、船体の中の荷物置き場だ。船体の底、つまりキールに近いところまで全部が1つの大きな船倉である場合と、ゆかでいくつかの空間に分かれて、小さな船倉が重なったようになっている場合がある。

ある特定のルートを通る貨物船は、あまり大きすぎてもこまるんだ。もし大きすぎれば、近道となる運河や水門の広さに合わなくなってしまうだろう。中央アメリカにあるパナマ運河の水門の幅は、33.5メートルだ。

25

コンテナー船

コンテナー船は、何百というコンテナーを船倉に入れ、さらにデッキの上にも積み上げて運ぶ専用の船だ。コンテナーは、ふつう、かなり大きな金属の箱で、長さ12.2メートル、幅2.44メートル、高さ2.59メートルの大きさのものが多い。あらゆる種類の製品や原料でいっぱいになったコンテナーは、トラックや鉄道、そして船で運ばれるんだ。

へえ、そうなんだ！

コンテナー船が初めて使われたのは、1950年代。最初の船は、第2次世界大戦（1939〜1945年）中につくられた石油タンカーをつくりかえたものだった。

この先どうなるの？

最新の複合素材でできているコンテナーは、最初はつくるのにお金がかかる。でも、輸送するにはとても軽く、5年使えばはらったお金のもとがとれるんだ。

バルクヘッド がんじょうなスチールでできた船体には、バルクヘッド（隔壁）とよばれる仕切りがあり、水が入らないようになったいくつかの空間に分かれている。もし、その1つがこわれて水がもれてきても、そのほかの空間は守られるので、船がしずまないですむ。

ガントリークレーン コンテナー船には小さなクレーンしかついていないものが多い。たいていは、港に設けられたガントリークレーンとよばれる、おおいかぶさるような形の巨大クレーンにたよっている。このクレーンは、船のコンテナーの積みおろしのため、港の岸にあるレールの上を動く。

毎年、おそらく最大1万個のコンテナーが、海に消えている。ほとんどの場合、強い風やあらしで船から海に落ちているのだが、中には船ごとしずんでしまうものもあるんだ。

ウィンチ

✷ 船上クレーンの仕組み

船の上についているクレーンの多くは、高圧油を使って動く「油圧式」だ。オイルがシリンダーの中に送りこまれ、クレーンの「ジブ」とよばれるアームにコンロッドでつながったピストンを押す。ジブが下がると、クレーンのとどく範囲が広がり、またクレーン全体は土台の上で回転する。滑車に通ったケーブルは、電気で動くウィンチとよばれるまき上げ機で、ゆっくりだが力強くまきとられる。

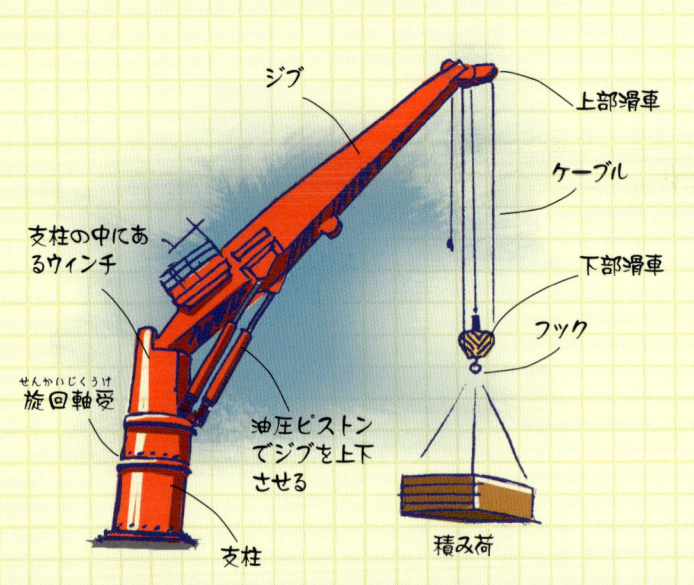

あまりに大きすぎてコンテナーに入らない荷物は、フラットラックコンテナー（床と前後のかべだけ、または柱だけのコンテナー）やオープントップコンテナー（天井があいているコンテナー）、あるいはプラットフォームベース（床だけの台）などを使って運ばれるんだ。

ブリッジ ブリッジにいる船長と乗組員は、船のさまざまな場所にとりつけられているカメラが映す、コンテナーの積みおろしのようすを、モニターで見てチェックしている。

救命ボート ある一定の大きさをこえる船は、船にのる人たちをすべてのせられるだけの救命ボートをそなえていなければならない。また、救命ボートにこわれているところはないか、いざというときすばやくおろせるようになっているかなどをたしかめるため、定期的に点検しなければならない。

ファンネル（煙突）

エンジン

分解図

船倉 コンテナーは、その重さにおうじて注意深く積まれる。最も重いものは一番下だ。

コンテナー コンテナーを船にのせたり、積み上げたりする順番の計画には、コンピューターが使われる。おかげで、コンテナー船はできるかぎり早く出発することができる。

大きなコンテナー船は、7000個以上のコンテナーを運ぶ。

ばら積みの荷物（25ページも見てみよう）をのぞいた、世界中のすべての荷物の9割以上がコンテナーで輸送されているんだ。

港に積み上げられるコンテナー

✷ 高く積め！

コンテナーはたがいにみぞにはめて積むため、すべったりたおれたりしない。港で何週間も、あるいは何カ月も積んだままおかれることがあり、また海を旅する間も船の外にそのまま積まれてくるので、中に水を通さないようになっている。長さおよそ12メートルのごくふつうのコンテナーの重さはおよそ3.8トン。最大26.6トンまで中に荷物が入れられるので、全体の重さは30.4トンにもなるんだ。

超大型石油タンカー

世界で最も大きい船は、石油タンカーといわれるばら積み船だ。石油タンカーは、原油タンカーとプロダクトタンカーに分けられる。原油タンカーは、中東などの油田から世界中の国々に原油を運び、プロダクトタンカーは、精油所で原油からつくられたもの——たとえば、ガソリンやディーゼル燃料や灯油などの燃料、あるいは潤滑油、アルコール、化学溶剤などを運ぶんだ。

へえ、そうなんだ！

石油タンカーが初めて使われたのは、1860年代の東アジア。カスピ海をわたり、北ヨーロッパの川にそって進んだ帆船だった。1890年代までには、タンカーはすべての大海をわたって行き来していた。

この先どうなるの？

最も大きな石油タンカーは、海賊や戦争中の敵やテロリストなどのきけんな相手からみれば、ちょうどぴったりのこうげきのまとだ。近ごろでは、そのようなきけんをさけるため、船をつくる会社の中には、もっと小さくてもっとスピードの出る船をとり入れているところもあるんだ。

コファダムというのは、熱や火事やしょうとつからまもるため、2つのバルクヘッドの間を空のまま開けておく小さな空間のことだ。タンカーにはふつう船首と船尾にあるが、ときには一つひとつのタンクの間にある場合もある。

積みこみパイプ しなやかに曲がるホースとかたくしっかりしたパイプを使って、ポンプで石油を入れたり出したりする。また、船体内のタンクどうしでも、船の積み荷の重さのバランスをとるために、これらを使って石油の移しかえをする。

スーパータンカーともいわれる、超大型石油タンカーは、正確にはULCCと表され、32万トン以上の原油を運ぶものをさすんだ。

満載喫水線

船体 最近のタンカーは、船体のかべが二重になっている「二重船殻」構造で、もしも、そのうち1つがこわれてもれるようなことがあっても平気なようにつくられている。じょうぶな船体の表面はかなり広い面積でソナーの音波が反射するので、たとえ夜でも濃いきりにおおわれていても、ほかの船はレーダーやソナーを使って、スーパータンカーがいるのがわかる。

✱ ソナーの仕組み

ソナーは、音波を使って船の近くにある水中の物をさがしあて、そこまでの距離を調べる装置だ。まず、送信機が「アクティブ・ソナー音」とよばれる音波を出す。音波は水の中で遠くまで速くとどくんだ。その音が物にあたってエコーのようにもどってきたものを、受信機でとらえると、反射してきた音の方向やその時間差によって、物の位置やそこまでの距離がわかるという仕組みになっている。ソナーは、電波のかわりに音波を使ったレーダーのようなものなんだ（P31も見てみよう）。

5. 船のコンピューターがソナーの情報をモニターに映し出す

1. 船から音波を出す、または、ソナー本体を水中におろして引っぱる（可変深度ソナー）

2. ソナーから音波を出す

3. 音波が、たとえば海底のようなものの表面にぶつかる

4. 反射した音波をソナーが受けとる

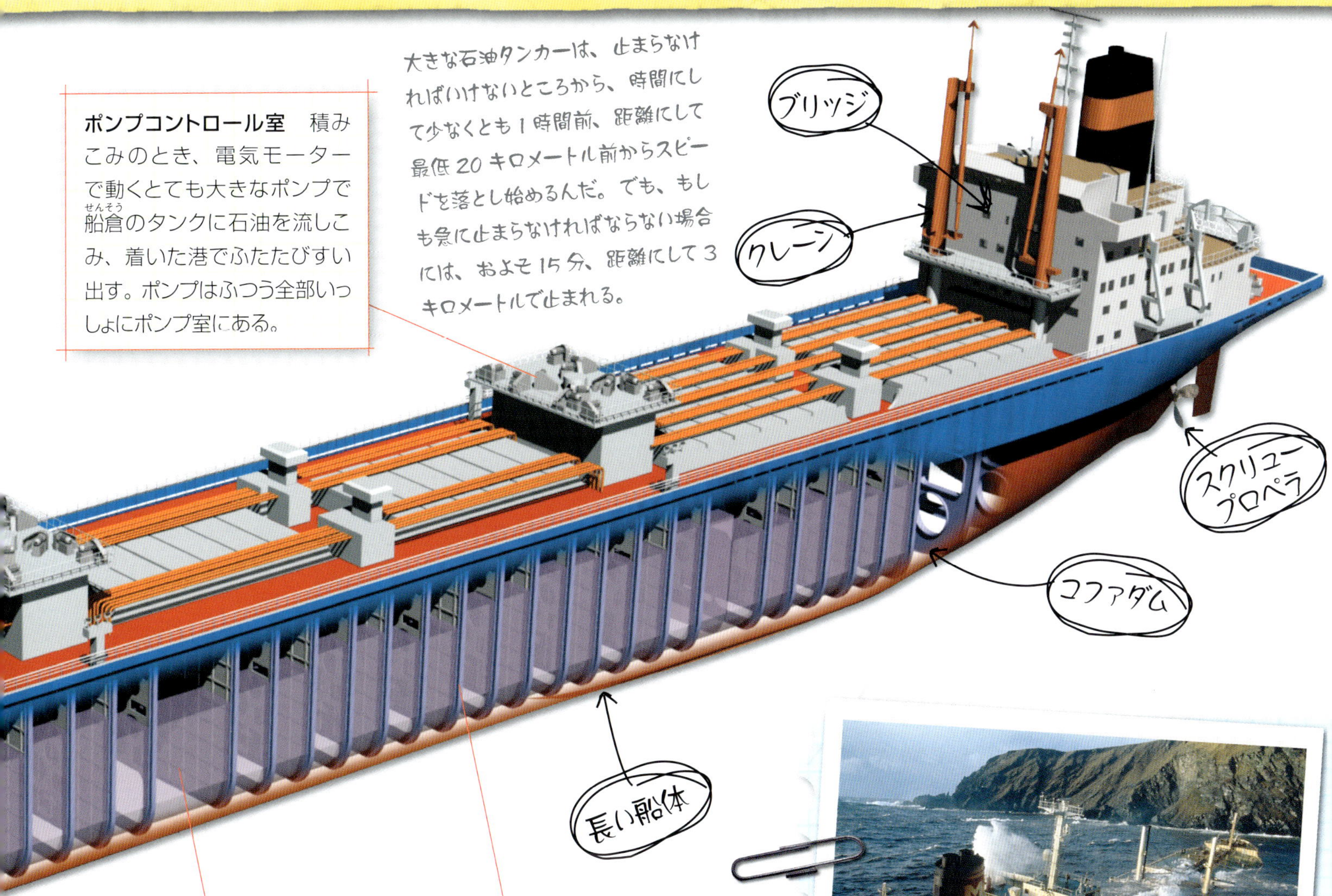

>>> 船・潜水艦 <<<

大きな石油タンカーは、止まらなければいけないところから、時間にして少なくとも1時間前、距離にして最低20キロメートル前からスピードを落とし始めるんだ。でも、もしも急に止まらなければならない場合には、およそ15分、距離にして3キロメートルで止まれる。

ポンプコントロール室　積みこみのとき、電気モーターで動くとても大きなポンプで船倉のタンクに石油を流しこみ、着いた港でふたたびすい出す。ポンプはふつう全部いっしょにポンプ室にある。

ブリッジ
クレーン
スクリュープロペラ
コファダム
長い船体

石油タンク　石油が積まれていないからっぽの状態のとき、タンクは、ほかの物質と結びついたり、反応したりしない"不活性ガス"でいっぱいになっている。そうしないと、石油が気体の状態になったガスに火がついて爆発するかもしれないからだ。

バルクヘッド　船体の中に、もしも巨大なタンクが1つだけしかなかったら、石油がパチャパチャと波打って船のバランスを悪くしてしまうおそれがある。そこで、バルクヘッド（隔壁）とよばれる仕切りかべで、船体をたくさんの区画に仕切っている。

重さでいうと、石油タンカーは海の上をわたって運ばれるすべての積み荷の3分の1以上を運んでいる。

世界で最も大きいスーパータンカーは、1979年につくられた、"シーワイズ・ジャイアント"。船の長さをさらに長くするように改造され、その後、敵のこうげきを受けて一部がこわれたが、また修理された。その間に名前も"ハッピー・ジャイアント"、"ヤーレ・バイキング"と変わっていった。とうとう最後に"ノック・ネヴィス"という名前となって、中東のカタール沖につなぎとめられ、長さ458メートルの船体は、海の上で石油をためておく施設になった。

1993年、スコットランドの海岸沖の"ブレア号"から流れ出た石油でよごれる海

✳ 環境をこわす災害

石油タンカーの事故は、現代の最も大きな環境災害の原因の一部になっている。石油が流れ出て、油のまくとなって水面をおおい、魚や海鳥やアザラシやサンゴなど、海の生物を殺してしまうんだ。これまでで最もひどい石油流出事故の1つが1991年におこったもの。ABTサマーというタンカーが、アフリカのアンゴラ沖で、25万トン以上の石油を流出させたんだ。

29

航空母艦

世界最大級の船といえば、海にうかぶ空軍基地、航空母艦もその1つ。航空母艦は、空母ともよばれ、戦争のためどんなところでも行くように設計されている（できれば、それが「平和を守るために」だとよいのだけれど……）。ジェット機やヘリコプターを運ぶ役目に加えて、この巨大な船には誘導ミサイルや魚雷や機雷などのような兵器が積まれている。また、空母がひきいる、大型の「巡洋艦」や小さめで速い「駆逐艦」など、いっしょに活動するほかの軍艦のための司令センター・管制センター・情報通信センターとしての役わりもはたしているんだ。

へえ、そうなんだ！

1910年、世界で初めて船の上から飛行機で飛び立ったのは、ユージン・イーリーというパイロット。アメリカ軍の軽巡洋艦バーミングハム（CL-2）からの離陸だった。次の年、イーリーは、世界で初めて船の上に飛行機でおりたパイロットにもなったんだ。そのときは、特別に着陸用の滑走台をとりつけた、アメリカ軍の装甲巡洋艦ペンシルベニアという別の船だった。

この先どうなるの？

ステルス機は、機体の表面の角度をくふうしたり機体の形をとがらせたりして敵のレーダーの電波をもとの場所に反射させないようにしたり、特別な塗料をぬってレーダーの電波を吸収したりするなど、敵に見つかりにくい仕組みをもった飛行機だ。同じような機能をもった船、「ステルス艦」もためしにつくられていて、今後はもっとよく見かけるようになるだろう。

ニミッツ級航空母艦には2つの原子炉があり、それで4つの蒸気タービンを動かして、時速50キロメートル以上のスピードで進むことができるんだ。

※ どうやって飛行機を中に入れるんだろう？

空母には、平らでとても広いエレベーターがある。飛行機や装備などを運ぶリフト台が下のデッキとフライトデッキ（飛行甲板）の間を上がったり下がったりする仕組みになっているんだ。アメリカ軍の空母ニミッツには、船体の両わきに上段エレベーターが4つある。上段エレベーターは2つのデッキの間を行き来するだけ。下のデッキにおろされた飛行機や装備は、エレベーターから横に動かされ、今度は船体の中にある下段エレベーターにのせられて船体のもっと下のほうに運ばれるんだ。

燃料タンク とても大きなタンクには、飛行機用のジェット燃料がたくわえてある。空母は原子力で動くものが多いのだが、それに使われるプルトニウム燃料のペレット（円柱の形をした小さなかたまり）は、1台の小さなトラックにおさまってしまう。

フライトデッキ（飛行甲板） フライトデッキは、飛行機の滑走路になるところで、サッカーのピッチの3倍以上の長さがあり、幅は最も広いところで76メートルだ。

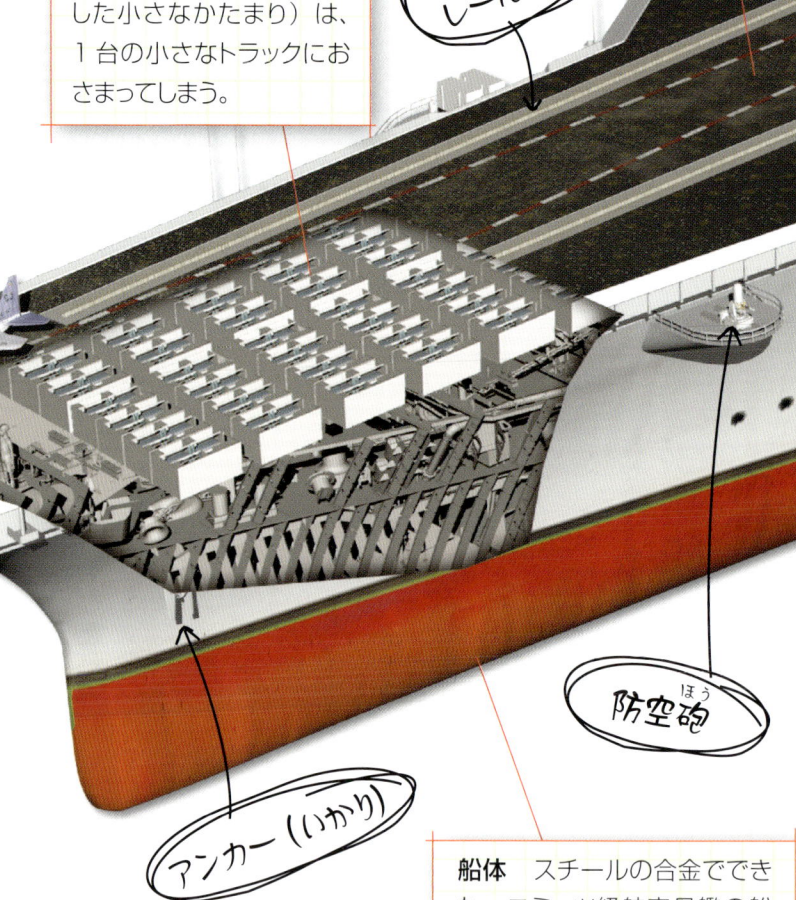

カタパルトレール

防空砲

アンカー（いかり）

船体 スチールの合金でできた、ニミッツ級航空母艦の船体は、長さが300メートル以上あり、水面からおよそ20メートル上にフライトデッキがある。

アイランド
フライトデッキ
クレーン
格納庫入り口

飛行機は場所をとらないように翼がおりたためるようになっている

上段エレベーターは、上に上がるとフライトデッキの一部になる

空母のフライトデッキは、世界で最もあぶない仕事場の1つだ。

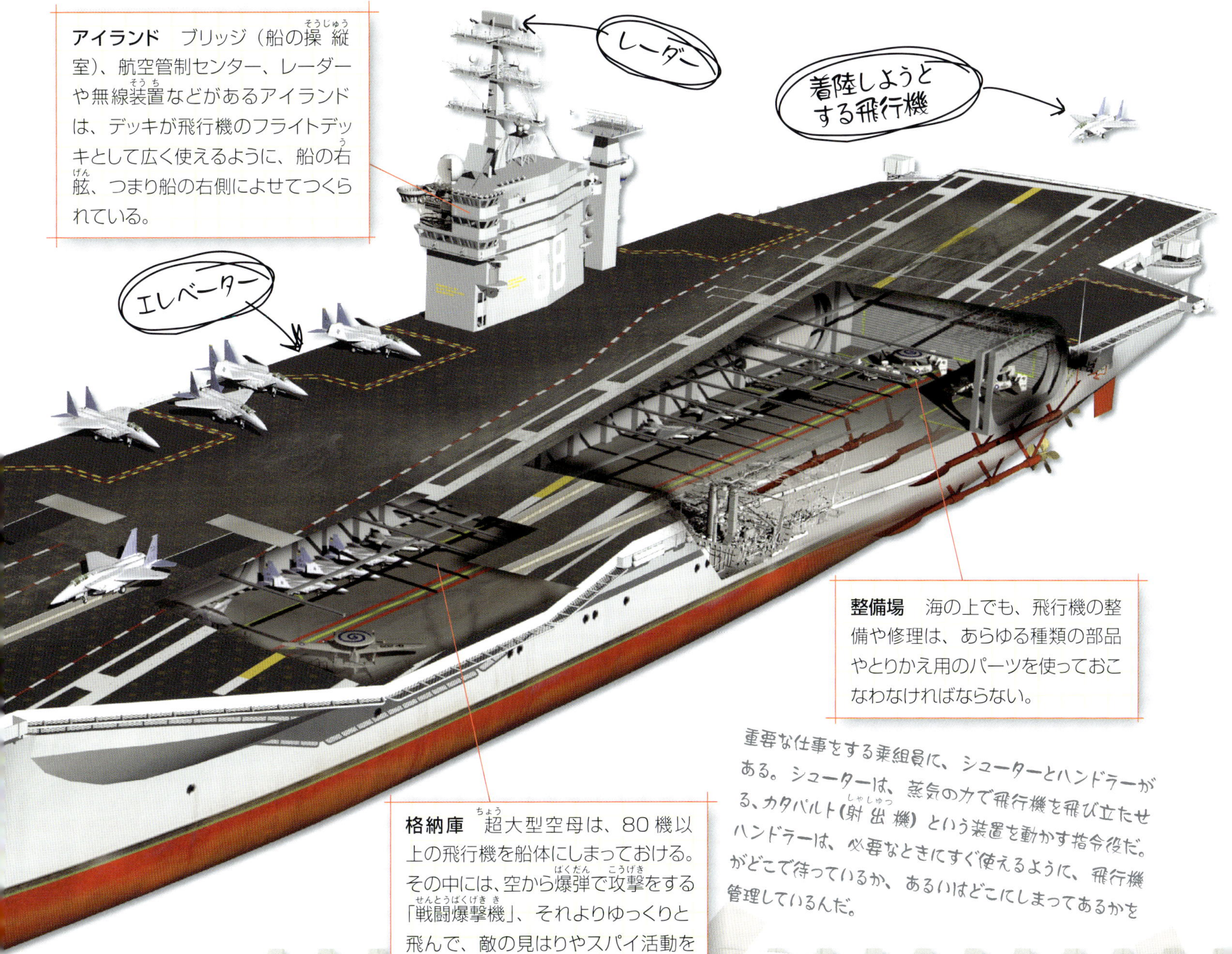

>>> 船・潜水艦 <<<

アイランド ブリッジ（船の操縦室）、航空管制センター、レーダーや無線装置などがあるアイランドは、デッキが飛行機のフライトデッキとして広く使えるように、船の右舷、つまり船の右側によせてつくられている。

レーダー

着陸しようとする飛行機

エレベーター

整備場 海の上でも、飛行機の整備や修理は、あらゆる種類の部品やとりかえ用のパーツを使っておこなわなければならない。

重要な仕事をする乗組員に、シューターとハンドラーがある。シューターは、蒸気の力で飛行機を飛び立たせる、カタパルト（射出機）という装置を動かす指令役だ。ハンドラーは、必要なときにすぐ使えるように、飛行機がどこで待っているか、あるいはどこにしまってあるかを管理しているんだ。

格納庫 超大型空母は、80機以上の飛行機を船体にしまっておける。その中には、空から爆弾で攻撃をする「戦闘爆撃機」、それよりゆっくりと飛んで、敵の見はりやスパイ活動をする「偵察機」などがある。

✷ レーダーの仕組み

レーダーは、ソナーと同じような働きをする（P28も見てみよう）。でも、ソナーが使う音波のかわりに、レーダーでは電波を使うんだ。電波が物にあたって、もどってくるときの方向やその時間差によって、物の位置やそこまでの距離がわかる。レーダーは、近くにある、船や海岸線、水面の上に一部が見えている氷山のような危険なものなどを調べられるし、何百キロメートルもはなれた空を飛ぶ飛行機なども見つけられるけれども、水の中は調べられない。というのも、電波は水の中では伝わりにくいからなんだ。

大きな空母には、船の乗組員が最大で3000人、そのほかにパイロットや整備士など、飛行機に関係する乗組員が3000人いるんだ。

最近の空母に見られる、ふくざつに入り組んだレーダーや無線のアンテナ

31

潜水艦

潜水艦は、水の中にもぐって遠くまで行けるように設計されている。よく似ている深海潜水艇は、潜水艦より深くもぐれるけれども、長い距離は進めないんだ（P34も見てみよう）。大型のものを「潜水艦」、小型のものを「潜水艇」とよぶことが多いが、大きいものは、ほとんどが海軍の潜水艦だ。軍の潜水艦隊は"忍者部隊"のようなもの。というのも、敵に見つからずに、何週間もあるいは何カ月も水面の下にもぐってかくれていられるからだ。そのような任務をはたすために、潜水艦は、燃料や食料などのたくわえを全部積んでいなければならない。ただし、真水と、呼吸に使われる、人が生きていく上で必要な酸素は、両方とも潜水艦の中で海水からつくりだすことができるんだ。

へえ、そうなんだ！

世界で最初の潜水艇は、1620年代にコルネリウス・ドレベルがつくった。この潜水艇は人がオールでこいで動かすもので、イギリスのテムズ川で水にもぐる実験をして、中にのったイギリス国王のジェームズ1世を感心させた。1776年には、アメリカのデヴィッド・ブッシュネルが、アメリカ独立戦争（1775～1783年）でイギリスの船を攻撃するために、世界初の軍用潜水艇タートルをつくったんだ。

この先どうなるの？

"潜水艇レース"は、本当に変わっている。水面の下での競争だから、まわりで見ている人たちは、潜水艇から出るあわや水面からつき出る潜望鏡をたよりに、潜水艇がどこにいるのか見当をつけるしかない──見当がつけばの話だけど！

潜望鏡 潜望鏡は船体にある司令塔から垂直にのびる、望遠鏡のようなものだ。潜水艦が水の中にもぐっているとき、水面より上につき出るまでのばし、あたりのようすを見るのに使われる。

司令塔 セイルとか艦橋ともいわれる潜水艦の司令塔には、人が出入りするハッチがあり、潜水艦が水面まで上がったときに見はりに使われる。

★ 海底探検ツアー

近ごろ、海岸ぞいの観光地では、レジャーツアー用の潜水艇にのれるところがたくさんある。魚やサンゴなどの海の中の生物を見るため、観光客は潜水艇で水中にもぐれるんだ。これならスキューバダイビングをするよりかんたんだ！一番新しいタイプの潜水艇は、長さが20メートルで、50人のお客さんをのせて、水面から100メートル下までもぐり、そこで1時間以上過ごせる。この潜水艇は、充電式バッテリーで動く電気モーターを動力としているので、とても静かで、ほとんど環境をよごさないんだ。

360度に広がる海底のながめを楽しむ。

弾道ミサイル

ブリッジ

つくりつけ寝台

艦首ソナーアレイ

1958年、アメリカ海軍の潜水艦ノーチラスは、初めて北極点を通った。北極海の大部分は海の表面がこおってできる海氷におおわれている。ノーチラスは、海にうかぶ海氷の下を進んでいったんだ。

分解図

>>> 船・潜水艦 <<<

ほとんどの潜水艦は、水面から最大でも数百メートルもぐることができるだけだ。アメリカ海軍の潜水艦シーウルフは、もぐる深さがおそらく500メートルをこえると、水の力に押しつぶされてしまうだろう。ロシア海軍の潜水艦コムソモーレッツは、深さ1200メートルまで、もぐることができたんだ。

原子炉 原子炉は、放射線が外にもれないようにつくられた容器に入っている。多くの原子力潜水艦の場合、新たに燃料が必要になるのは12～15年に1度だけだ。

タービン 原子炉からの熱で水を沸騰させ、その蒸気がとてつもなく大きな圧力でタービンのブレード（羽根）を回転させることによって、スクリュープロペラが回る。

スクリュープロペラ スクリュープロペラは、うずやあわをあまり出さず、とても静かに動くように設計されている。ほかの船に、潜水艦が近づいているのを気づかれないようにするためだ。

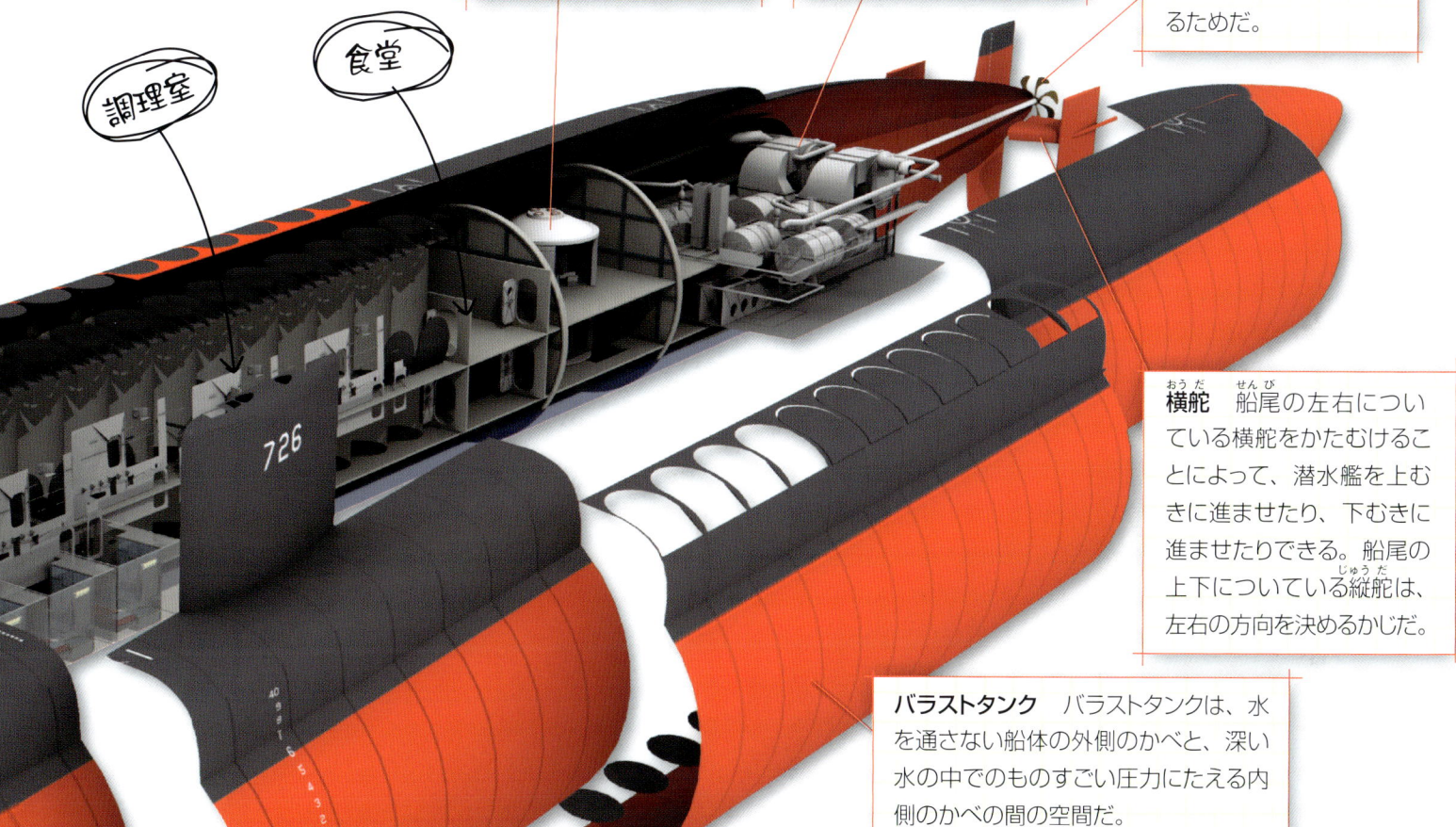

横舵 船尾の左右についている横舵をかたむけることによって、潜水艦を上むきに進ませたり、下むきに進ませたりできる。船尾の上下についている縦舵は、左右の方向を決めるかじだ。

バラストタンク バラストタンクは、水を通さない船体の外側のかべと、深い水の中でのものすごい圧力にたえる内側のかべの間の空間だ。

潜水艦の中には、6カ月以上も水の中にもぐったままでいられるものがある。ずっともぐってはいられないのは、燃料や飲み水や空気がたりなくなるからではなくて、乗組員の食料がなくなってしまうからなんだ。

※ 潜水艦の仕組み

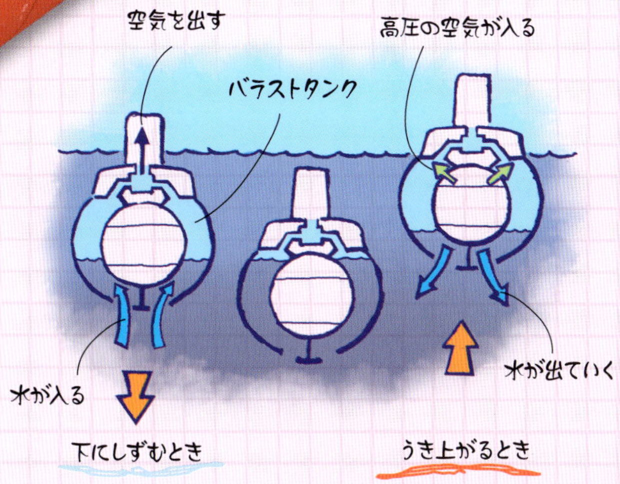

潜水艦は、二重になった船体のかべの間にあるバラストタンクを使って、ういたりしずんだりする。しずむときは、バラストタンクの中の空気を外に出し、海水を中にとり入れる。すると船体がまわりの海水よりも重くなり、潜水艦がしずむんだ。船内にある高圧空気タンクには、海水からつくられた空気が押しちぢめられ、高い圧力となってためられていて、うき上がるときはこの高圧の空気がバラストタンクに送りこまれるんだ。この空気の重さは、押しちぢめられていたときと変わらないけれども、バラストタンク内に大きく広がって、空気よりもずっと重い水を押し出してしまう。すると船体が軽くなるので、潜水艦がうき上がるんだ。

深海潜水艇

深海潜水艇は、深海探査船ともよばれ、とても深いところまでもぐれるように特別につくられている。でも、ふつうの潜水艇とはちがって、それほど遠くまで行かず、おもに、科学的な研究や調査、あるいは海底にしずんだ船の調査などに使われるんだ。人がのる深海潜水艇は、船内に空気がなければならない。水の中にとても深くもぐると、まわりの水の押す力（水圧）によって、ふつうの潜水艇ならまるで紙のようにぺちゃんこに押しつぶされてしまう。まわりの水圧にたえる一番の形は、潜水艇トリエステの「潜水球」のような球体なんだ。1960年、トリエステは、地球で最も深い場所、北西太平洋地域にあるチャレンジャー海淵の底まで行った。これまで、それよりもっと深く、地球の中心に近いところへ行った潜水艇も人間もいないんだ。

へえ、そうなんだ！

1985年、そりのような形の船体にカメラをとりつけた、遠隔操作無人探査機アルゴは、北西大西洋の海の底にねむる大型客船タイタニックの場所をつきとめた。タイタニックは1912年に沈没し、水面から3800メートル下の海底にしずんだままなんだ。

この先どうなるの？

人々が住み、ずっと働ける「海底都市」——これがあったら、科学者たちは海洋生物の研究ができるようになるだろう。水中にもぐったとき、人の体が「潜水病」という危険な状態にならないようにするには、時間をかけて空気の圧力を下げながらうかんでこなければならない。でも、もぐりっぱなしなら、いちいち手間をかけて水面までうかんでくる必要がなくなるというわけだ。

ピカールとウォルシュの2人は、チャレンジャー海淵の底で20分間過ごす間、元気を出すためにチョコレートを食べていた。

遠隔操作無人探査機（ROV）は、長くのびたケーブルで水面にうかぶ船とつながって、はなれたところから操縦される、人ののらない潜水艇だ。中には、テレビカメラやマジックハンドをそなえたものもあり、水面の上にいるオペレーター（操縦をする人）は、モニターを使って、海底にあるものを見たりつかんだりできるんだ。

バラストタンク 船体のバランスや重さを調整する、水の入ったタンクが、潜水艇の浮力部の前と後ろにあった。

ガソリンタンク 浮力部の大部分をしめるタンクには、85立方メートルのガソリンが入っていた。

→ スクリュープロペラ

バラストホッパー 浮力部の下に2カ所あるバラストホッパーの中に、9トン分の小さな鉄のつぶのおもりが入っていた。

リリースマグネット（電磁石）

✱ トリエステの仕組み

乗組員がのる球形の部分「潜水球」は、指のつめくらいの広さに1トン以上の重さがかかるほどの水圧にたえなければならなかった。厚さ13センチメートルのスチールでできた、トリエステの潜水球は、水の中での重さが8トンもあり、それだけだと右のようにしずんでいっただろう。だから、潜水球の上にある浮力部に、水よりも軽いガソリンをいっぱいに入れることで、船体全体をうかせていたんだ。水の入ったバラストタンクで調整しながら潜水艇はゆっくりとしずんでいき、潜水活動が終わると、船体の中に電磁石でくっつけていた鉄のおもりをバラストホッパーから下へ落とした。これで潜水艇全体が軽くなり上にうかんでこれたんだ。

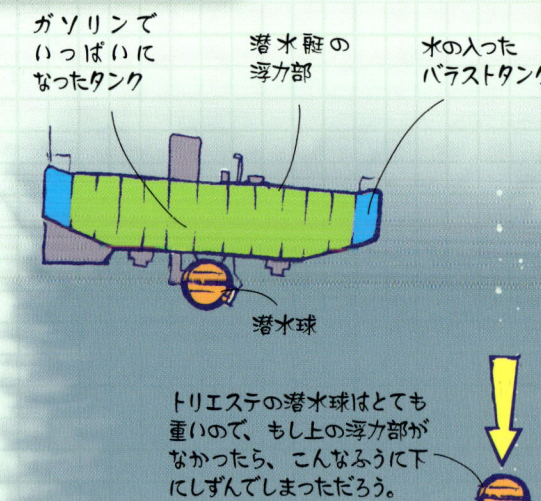

ガソリンでいっぱいになったタンク／潜水艇の浮力部／水の入ったバラストタンク／潜水球／トリエステの潜水球はとても重いので、もし上の浮力部がなかったら、こんなふうに下にしずんでしまっただろう。／海底

>>> 船・潜水艦 <<<

1995年、日本の無人深海探査機「かいこう」は、チャレンジャー海淵で、トリエステと同じ1万911メートルの深さまでもぐり、海淵の正確な深さをはかったんだ。

ハッチ 出入り口のハッチから続くトンネルは、潜水艇の上の浮力部の真ん中を通り、下にある潜水球につながっていた。

世界で最も深くもぐった記録をつくった有人深海潜水艇トリエステにのっていたのは、トリエステの設計者オーギュスト・ピカールの息子のジャック・ピカールと、ドン・ウォルシュだった。

シュノーケル

トンネル

海にねむるタイタニックを調査する、潜水艇ミール

✸ 深海をさぐるアルビン

最も有名な深海潜水艇は、1964年から働き始めたアルビンだ。アメリカのウッズホール海洋研究所が運用しているもので、3人の乗組員をのせ、4500メートル以上の深さまで行くことができ、最高10時間までもぐっていられる。1977年、アルビンは、世界で初めて太平洋の深い海の底に、ブラックスモーカーとよばれる、高い温度の黒い水がふき出すあなを見つけた。そして、1986年には、大西洋の底にしずむ大型客船タイタニックのもとへ出かけていったんだ。

トリエステ

フィン

潜水球 2人の乗組員は、直径2.1メートルのスチール製の球の中の空間にすわっていた。

アクリルまど

トリエステは、マリアナ海溝の中のチャレンジャー海淵という、海底にあるせまいみぞのように深くなったところに入っていって、深さおよそ1万911メートルまでもぐった。この深さは、なんと世界で最も高い山、エベレストの高さ8,848メートルよりも大きい数字なんだ。

35

用語解説

アジマス
水面と平行な水平方向に角度をつけたり左右の動きをしたりすること。たとえば、アジマススラスターは、水平方向にはさまざまなむきに首をふることができるが、上むき下むきなど、垂直方向にはかたむけることができない。

インペラー
プロペラやスクリュープロペラ、ローター、ファンなどの羽根車。つつや首輪のような形のおおい（ダクトやシュラウド）の中で回転する。流体（空気などの気体や水などの液体）を片側からとり入れ、反対側からふき出す。

外輪
船の両側や、船尾などにとりつけられた水車のような形の装置。半分は水の上に出た状態で、蒸気機関などの動力で車輪のように回転することによって、船を進ませる。

かじ
船の進む方向をあやつるための装置。平らな板のような形をしていて、ボートや船尾の下に下がっていることが多い。横方向にむきを変えると、船が左右に曲がる。

ガソリンエンジン
ガソリン燃料を使う内燃機関（シリンダーの中で燃料を燃焼させて動力をとり出す機械）で、スパークプラグを使って点火して燃料を燃焼させるもの。おもに、4ストロークエンジンと2ストロークエンジン（P12も見てみよう）がある。

キール
船の骨組みの中で、船体の中央を前後につらぬく背骨にあたる部分。セイルのある帆船などでは、船体の外側の底の中心に下むきにおろした、大きく平らな板のことをさす。船の安定をよくし、船を操縦しやすくする。ヨットの場合、センターボードともいう。

クランク室
ガソリンエンジンやディーゼルエンジンの本体。ピストンとシリンダーの下にあって、クランクシャフトとコンロッドが中に入っている。

クランクシャフト
エンジンの主軸。ピストンの上下運動がコンロッドによってクランクシャフトに伝えられ、クランクシャフトが回転する。

クリート
ロープやひもをとめるための装置または船のつくりの一部。つつのような形やアルファベットのTやVなどのような形をしている。

合金
いくつかの金属、または金属とそれ以外の物質をまぜ合わせたもの。強さを高める・重さを軽くする・高い温度にたえられるようにするなど、特別な目的のためにつくられ、使われる。

コファダム
2つのバルクヘッド（隔壁）の間の何も入っていない空間。バラストを入れる場所として使うため、または安全のためにあけておく。たとえば、積んでいる危険な物質がもれたとき、コファダムがあれば、船のほかの部分に入っていくのをふせげる。

コンロッド
コネクティングロッドのことで、クランクシャフトとピストンをつなげる、エンジンの部品。ピストンの上下運動をクランクシャフトの回転運動にかえる。

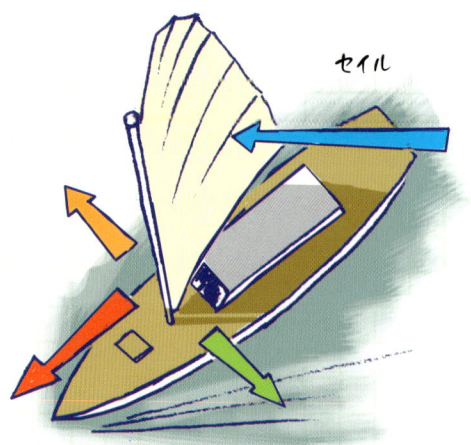
セイル

索具
帆（セイル）のある帆船で、風の力で進ませるのに使われる、ロープ、マスト、セイル、そのほかの装備のこと。

ジブ
船の前方にむけて、メインセイルの前につけられた小さな三角形のセイル。また、クレーンのアームのことも「ジブ」とよぶ。

シュラウド
インペラー（プロペラやスクリューなどのような回転羽根）のまわりをかこむ、首輪や大きな管のような形をしたおおい。その中を通りぬける水や空気など（流体）の方向や力をコントロールしたり制限したりする。

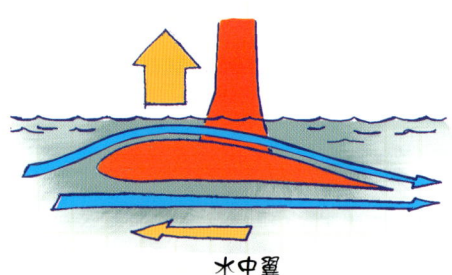
水中翼

シリンダー
エンジンの中にあるつつ状の部品で、中にちょうどぴったり大きさの合うピストンが入って動くようになっている。

水中翼船
船が前に進むと、つばさのような形の水中翼で、船体をもち上げる力（揚力）をつくりだす特別な仕組みの船（P17も見てみよう）。船体の一部分が水面からうくタイプと、船体が全部うくタイプがある。

スラスター
小さなプロペラや、液体や気体をふき出すノズルやジェット噴出口など、船体の位置や進む方向をちょっと調節するための装置。

スロットル
スピードを上げるために、エンジンにもっと燃料と空気を送りこむといったコントロールをする装置。アクセラレーター（アクセル）とよばれることがある。

船・潜水艦

スラスター

船倉
大型船にある、荷物や船旅に必要なものなどをいれておく場所。

船体
船の本体部分。ハルともいう。

タービン
扇型のブレード（羽根）が回転軸にななめにとりつけられたもの。ポンプ、自動車、ボート、ジェットエンジンなど、人に役立つさまざまな技術分野に使われている。

ディーゼルエンジン
ディーゼル燃料を使う内燃機関（シリンダーの中で燃料を燃焼させて動力をとり出す機械）で、スパークプラグを使って点火するのではなく、空気を押しちぢめたときの高い圧力で高温になることを利用して燃料を燃焼させるもの。おもに4ストロークエンジン（P15も見てみよう）と2ストロークエンジンがある。

ドライブシャフト
エンジンやモーターにつながっている回転軸で、たとえば、船のスクリュープロペラのような、ほかの部品に動力を伝えるためにある。

ノズル
ジェットスキーのノズルのように、アイスクリームのコーンやトランペットの先の部分のような形をした、液体や気体をものすごい速さでふき出すところ。

ハイドロプレーン
ごくふつうの船のように、水を切りさきながら進むのではなく、水中にほとんど船体がしずまずに水面の上をすべるように飛んでいく船。

ホバークラフト

バラスト
たとえば、船が強い風の中を進むときや速いスピードで曲がるときなどに、船体がより安定し、ひっくり返らないようにするためのおもりとして船体に加える、水、コンクリート、金属のような重いもののこと。ボートや船の多くは、船体の下のほうにバラストタンクがあって、船にのせている人や物の重さがたりないときは、タンクを水でいっぱいにする。そうすれば、船はちょうどよい高さでうき、進んだり曲がったりするときに安定する。

バルクヘッド（隔壁）
船の船体や飛行機の機体のような広い空間を横切るように、より小さい空間に仕切るかべ。

ピストン
太い棒のような形、つまり缶づめやジュースの缶のような形をした部品。シリンダーとよばれる、つつ状の入れものの中にぴったりとすきまなく入って、上下運動をする。

ブーム
船の帆（セイル）の下にそって通っているポール。帆の下の部分が、勝手にパタパタと旗のようにはためくのをふせぐためにある。

ブリッジ
大型船の操縦室。かじをとるハンドルあるいは舵輪、エンジンのスロットルレバー、計器類やモニター、そのほか重要な装置がある。

プロペラ
ブレード（羽根）がななめにとりつけてある回転羽根。回転して、流体（空気などの気体や水などの液体）を引きこみ、力強く後ろむきにはきだしながら、推進力を生み出す。船で水につかっているものはスクリュープロペラ（スクリュー）といい、飛行機の場合はプロペラとよぶが、エアースクリューということもある。

マスト
1枚、あるいは2枚以上の数のセイルをはってささえる、垂直またはほぼ垂直に立ったポール。

翼型
よくあるふつうの飛行機の翼の断面の形。上のほうが下よりも大きくふくらんでいて、揚力（上に上がる力）を生む（P17も見てみよう）。そのほか、スクリュープロペラのブレードや水中翼船の水中翼など、船の仲間に使われているさまざまな部品の横断面の形でもある。

ジェットスキー

37

● 著者
スティーブ・パーカー
科学や自然史の書籍を数多く執筆・監修しており、その数は200冊をこえる。動物学理学士の学位取得。ロンドン動物学会のシニア科学会員。

● イラストレーター
アレックス・パン
350冊以上の書籍でイラストを描いている。高度なテクニカル・アートを専門とし、各種の3Dソフトを使って細部まで描き込み、写真のように精密なイラストを作りあげている。

● 訳者
上原昌子
(翻訳協力：トランネット)

最先端ビジュアル百科 「モノ」の仕組み図鑑 ❹
船・潜水艦

2010年9月24日 初版1刷発行
2014年1月15日 初版2刷発行

著者／スティーブ・パーカー　　訳者／上原昌子

発行者　荒井秀夫
発行所　株式会社ゆまに書房
　　　　東京都千代田区内神田 2-7-6
　　　　郵便番号　101-0047
　　　　電話　03-5296-0491（代表）

印刷・製本　株式会社シナノ
デザイン　高嶋良枝
©Miles Kelly Publishing Ltd　Printed in Japan
ISBN978-4-8433-3346-4 C8650

落丁・乱丁本はお取替えします。
定価はカバーに表示してあります。